水产养殖复工复产

技术指导手册

中国水产科学研究院珠江水产研究所　组编

中国农业出版社
北　京

《水产养殖复工复产技术指导手册》

编　委　会

领导小组：徐瑞永　张明富　朱新平　魏泰莉　黄志斌

主　　编：于凌云　董惠清　刘志军

副 主 编：梁慧丽　邵晓风

编写人员（按姓氏笔画排序）：

于凌云　王　庆　王广军　王亚坤　尹纪元
石存斌　卢迈新　叶　星　巩　华　朱新平
任　燕　刘晓莉　孙成飞　李宁求　李胜杰
李莹莹　杨婉玲　吴勇亮　何有根　汪学杰
陈　辰　陈昆慈　陈总会　林　强　赵　飞
赵　建　姜　兰　陶家发　黄志斌　黄启成
黄国亮　曾艳艺　谢　骏　赖子尼

前言
FOREWORD

2020年新春伊始，新型冠状病毒肺炎暴发并席卷全球。随着医学研究的不断深入，人们对其病原特性、传播途径及防治方法逐渐有了一定认识，虽然可以预见新型冠状病毒肺炎最终会得到有效控制，但是其带来了重大经济、卫生和理念上的冲击，将会被人们反复提及、铭记。

为贯彻落实党中央、国务院关于疫情防控工作的决策部署，继续坚持“外防输入、内防反弹”的总体防控策略，统筹疫情防控和经济社会发展，在防控常态化的条件下加快恢复生产生活秩序，积极有序推进复工复产，将全球疫情对我国经济发展的影响降到最小，中国水产科学研究院珠江水产研究所号召全所科技工作者，针对新型冠状病毒肺炎疫情对水产养殖业带来的不利影响，结合自身职能，精选了水产养殖业复工复产方面的素材，编写了《水产养殖复工复产技术指导手册》，以期能为我国水产养殖业的稳定、健康发展提供帮助。

全书分为种苗生产技术、水产养殖技术和病害防控与污染事故预防技术三篇，内容通俗易懂、可操作性强，期望本书的出版能助推渔业生产一线稳步有序开展复工复产。另外，本书得到了“中国-东盟渔业资源保护与开发利用”项目的大力资助，该项目旨在落实中国-东盟海上合作基金之渔业科技推广应用职能，搭建中国-东盟渔业资源保护与利用合作平台，深化交流，分享中国在渔业资源保护与开发利用领域的先进技术、成功经验。利用此契机，希望本书也能为东盟国家渔业的复工复产提供技术参考。在此对该项目的支持致以诚挚的谢意。

由于编写时间仓促，编者水平有限，纰漏在所难免，斧正为感！

编　者

2020年4月

目录 CONTENTS

第二篇　水产养殖技术

第三篇　病害防控与污染事故预防技术

01

第一篇　种苗生产技术

一、春季大宗淡水鱼种苗生产技术

为指导全国当前大宗淡水鱼养殖生产，支撑“菜篮子”供给，针对我国主养品种如青鱼、草鱼、鲢、鳙、鲤、鲫、鲂等大宗淡水鱼类的养殖，本部分总结了春季大宗淡水鱼种苗生产和配套养殖技术，供全国各地在春季水产养殖生产中参考。

（一）种苗生产

春节气温逐渐升高，特别是华南地区春季气温较高，亲鱼繁殖时间早。亲鱼繁殖是春季渔业生产的重点。为满足春季有足够的优质种苗用于养殖生产，保障种苗质量，需要强化优质亲鱼的选择和培育，主要是要做好亲鱼的营养强化工作。

1. 做好亲鱼培育

春季是青鱼、草鱼、鲢、鳙、鲤、鲫、鲂等大宗淡水鱼类性腺发育成熟的关键期，抓好春季亲鱼强化培育不仅能保障人工繁育顺利进行，而且能有效提升亲鱼怀卵量、产苗量和苗种质量。技术要点如下：

（1）亲鱼放养密度　根据具体繁殖品种，合理安排放养密度，切忌过高，一般以每亩*水面放养亲鱼不超过 150 kg 为宜。

（2）科学合理投饲　鲢、鳙亲鱼培育以施肥为主，酌情投喂粉状饲料；施肥应根据水色灵活调整，遵循“次多量少、不断补充”的原则。草鱼亲鱼培育应以青饲料为主，辅以精饲料，搭配谷芽、麦芽等，以保障亲鱼性腺发育所需的维生素。

（3）调控水质　亲鱼塘水质应长期保持清新、稳定；密切关注水体溶氧，切忌出现浮头等缺氧情况，可根据天气变化适时增开增氧机，有条件的可以定

* 亩为非法定计量单位，1 亩＝1/15 hm^2。

期冲水，促进性腺发育。

(4) 日常管理 每天坚持早晚巡塘；关注亲鱼摄食状态，出现异常要及时研判处理；在亲鱼病害防治方面，坚持“以防为主、防重于治”的方针，谨慎使用药物处理，注意安全剂量，避免亲鱼出现应激反应；培育期间，经常冲水有助于促进亲鱼性腺发育。

2. 做好亲鱼繁殖

亲鱼的繁殖是保障春季生产的重点，春季是大多数淡水鱼的繁殖季节，及时掌握季节变化、合理安排生产非常重要。

(1) 亲鱼选择 选择体型好、体质健壮、体表无病无伤、鳞片完整的亲鱼个体。成熟度较好的雌鱼，腹部膨大松软，生殖孔微红，胸鳍内侧由内向外手感光滑。成熟度较好的雄鱼，性情活泼，胸鳍内侧特别是第一鳍条上有明显的栉齿状突起，由内向外手感粗糙。轻压雄鱼后腹部，泄殖孔有乳白色精液流出，遇水即散为佳。

(2) 催产繁殖 一般先选择发育较好的亲鱼进行小规模试生产，根据试生产情况再合理安排生产计划。大宗淡水鱼类繁殖需要注射催产激素，激素剂量应根据水温、亲鱼成熟度等灵活搭配调整。催产雌雄亲鱼比例一般为1∶1。

(3) 苗种孵化 四大家鱼受精卵在环道内孵化期间，用水量大，孵化期较长，应提前做到蓄水池塘水量充足、水质稳定、溶氧充足。同时，密切监测水源地水质变化，尤其是洪水期，防止水质恶化影响苗种孵化。另外，调节好进水流速，不宜过大（冲破卵膜），也不宜过小（造成鱼卵聚集沉降）。每天定时清理环道内杂物，尤其要避免破膜导致的筛绢堵塞。鲫受精卵既可使用孵化缸、孵化桶和孵化环道等设施进行流水孵化，也可将其连同鱼巢放在鱼苗培育池内进行静水孵化。

(4) 产后康复 亲鱼产后体质虚弱，易感染，需要精心养护。要求水质清新，加强饲料营养，前期可投喂拌有消炎作用药的饵。稳定后，强化培育月余，亲鱼可进行第二次繁殖生产。

3. 做好苗种培育

(1) 池塘清理 鱼苗下塘前10 d用生石灰或漂白粉彻底清塘，池塘消毒2～3 d后注入新水0.5～0.8 m，进水管用60目筛绢扎牢，防止野杂鱼进入池塘。鱼苗下塘前1周，可用无机肥或生物菌肥培水，水体呈油绿色或茶褐色为宜，水体透明度为20～30 cm。

(2) 鱼苗投放 鱼苗放养时间应选择在晴天上午，在池塘上风向离岸2 m

处水体放苗。鱼苗运至池塘边后，先将氧气袋用湿毛巾盖上，避免阳光直射，放在水面大约 20 min 过温，待氧气袋内水温与池塘基本相同后（水温差小于 2 ℃）再打开氧气袋。放养时将氧气袋尾端提起，让鱼苗随水贴水面流入池中，切忌悬空跌落入水中。鱼苗放养密度为每亩 20 万～30 万尾。

(3) 投喂与管理 鱼苗下塘当天泼洒豆浆，每 10 万尾鱼苗需黄豆 2 kg，上午、下午各一次磨成豆浆并沿塘边水体泼洒。第二周每 10 万尾鱼苗所需黄豆增至 4 kg，逐渐全池泼洒，到第三周后可逐渐增加精饲料，可用豆渣或熟豆（菜）粕磨成糊状投喂，每 10 万尾用豆粕 4 kg 左右，同时减少黄豆使用量。第四周精饲料日投饲量增加到 5～9 kg，黄豆减至 1 kg。坚持每天早晚巡塘 1 次，观察鱼苗活动情况和水质变化情况，发现问题及时采取措施。要注意池塘溶氧情况，严防缺氧造成泛池，每周加新水 15 cm 左右。养至 4 周鱼体达到 3 cm左右时，进行拉网锻炼 1～2 次后可分塘或出售。

（二）成鱼生产

成鱼养殖是大宗淡水鱼类养殖生产的主要工作，其中包括水质调控、苗种合理放养、饲料投喂以及鱼类保健等工作，成鱼生产在保障供给的同时，特别需要注意水产品质量安全综合控制。

1. 做好水质调控

(1) 及时调水 随着天气渐暖、温度回升，要不断加水提高水位。注重水质改良和食场底改。初春把池塘水位控制在 1 m 左右，水浅有利于池水较快升温，有利于充分发挥肥水效果和增加鱼类摄食，促进生长；以后视水质情况逐渐加注新水，每隔半月一次，每次 10～15 cm，直到池塘水加至正常养鱼水位。15～20 d 泼洒一次生石灰水，每亩水面用生石灰 20～25 kg。每半月使用一次 EM 菌等微生物制剂改良水质。选用弱氧化型的改底产品，在食场及其周围每半月改底一次，防止底臭和缺氧。

(2) 及时增氧 一旦养殖就需要尽早架设增氧机。增氧机具有增氧、搅水、曝气的作用，增氧机的使用应根据天气情况、鱼的动态、增氧机的负荷等灵活掌握：晴天中午开，阴天清晨开，连绵阴雨天半夜开；傍晚不开，浮头早开；天气炎热开机时间长，天气凉爽开机时间短，半夜开机时间长，夜间开机必须到早上日出后方可停机；中午开机时间短；负荷面积大时开机时间长，负荷面积小时开机时间短。

(3) 及时施肥 有机肥料必须充分发酵和消毒。做到少施、匀施、勤施。

晴天上午施肥好。要注意收听天气预报，不在阴天、雨天施肥。

2. 做好种苗放养

放养种苗要求数量充足、规格大小合适、体质健壮、无病无伤，且是符合养殖要求的优良鱼种，这是春季生产的关键所在。

（1）适时放种 在池塘养殖条件下，应根据不同鱼种的生物学和环境适应特性，在水温适宜时进行苗种放养。

（2）选择良种 选择健康活泼的优质苗种放养。南方池塘放养苗种时，要特别注意塘内生物饵料的培养，注意有机肥的用量，避免浪费。

（3）密度合理 不同养殖系统放苗密度要控制，避免密度过高而引发胁迫性疾病。不同品种苗种投放密度不同，但总的原则是尽量降低养殖密度。

3. 做好饲料投喂

开春后及时投喂，加强营养恢复体质。春季水温上升时，根据吃食鱼的数量、鱼体大小和摄食能力，提早开食，逐步增加投喂量。同时在饲料中适当添加渔用复合维生素、免疫多糖制剂等，增强鱼的体质，提高鱼体自身免疫力。特别是要早放养、早开食，投喂优质饲料，并根据鱼类吃食、天气等情况调整投饲量。

（1）越冬后鱼类的投喂 大部分地区由于越冬期间投喂减少或者没有投喂，养殖鱼类的体质较弱。越冬后应尽早启动投喂，温度合适时可逐渐增加投喂量。越冬后的初期，由于鱼类体质较弱，可适当使用一些优质饲料，如鱼粉、鱼油（含量稍高一点），以改善消化道健康。并适当投喂含免疫增强剂的饲料，提高鱼类的抵抗力。可适当提高投喂频率。

（2）因疫情耽误正常投喂的补救 由于新型冠状病毒肺炎疫情的影响，很多养殖企业缺乏水产饲料，可能会造成投喂受限或者水产动物饥饿。应急情况下可以使用一些饲料原料，如鱼粉、饼粕类等，可利用小型饲料机或者绞肉机做适当加工，直接投喂，避免因缺乏营养对鱼体健康造成过度影响。草鱼可以利用象草、皇竹草、黑麦草等补充饲料。疫情后，应尽快补救，通过使用高品质饲料，提高鱼类生长速度，改善健康，保障生产。

4. 做好大宗淡水鱼保健

在做好新型冠状病毒感染的肺炎疫情防控的基础上，大宗淡水鱼产业在加快生产恢复、增加水产品有效供给的同时，必须加强春季疫病防控。春季忽冷忽热的气候变化特征容易导致养殖动物应激反应，该养殖阶段极易诱导病害发生。春季危害大宗淡水鱼成鱼养殖的疾病和危害鱼苗养殖的疾病均以细菌、寄生虫和水霉感染为主。值得注意的是细菌性败血症是池塘危害较重的一种疾病，病死率达10%。2019年1—3月，华南地区草鱼主养区域暴发的一种以体表发炎、红肿、出血、溃疡为典型症状的疾病，导致大量草鱼死亡，专家经鉴定后认为该病是冬季细菌性败血症。

(1) 春季生态防控 春季鱼病防控仍然坚持预防为主的方针，在保障水产品质量安全的前提下开展生态防控。转塘、并塘及鱼种投放操作要小心细致，拉网最好选用柔软的尼龙拉网，避免鱼体擦伤、掉鳞给病菌感染带来机会。尽量减少捕捞和转运过程中鱼体机械损伤；鱼种下塘前使用食盐与碳酸氢钠合剂、聚维酮碘等药物进行鱼体消毒；控制密度，加强管理，防止受伤。

(2) 接种疫苗预防疫病 草鱼病毒性出血病、细菌性烂鳃病、肠炎病和赤皮病等疫病发病严重，病死率高。华南地区春季水温升温快，在做好池塘水质管理和种苗质量的前提下，苗种下塘前可通过浸泡或注射适合的疫苗来预防大规模疫病暴发。免疫接种时间选择在水温为8～22 ℃的冬春季节进行，这样既有利于操作，又有利于水霉病的预防。已感染患病的鱼种不能进行免疫。免疫前，金属连续注射器、针头等免疫用具用开水煮沸15 min消毒。为了防止注射时入针太深伤及鱼体内脏，可在注射针头上套一小截塑料管，暴露出的针尖长度略长于鱼体腹肌厚度。不同规格的健康的鱼种均能实行免疫注射，免疫前用1%～1.5%的食盐水对鱼种进行消毒处理，时间控制在5～10 min。免疫中，为便于免疫操作，可先用敌百虫水溶液对鱼种进行麻醉处理，减少鱼种活动性。疫苗按要求配比稀释，稀释好的疫苗一次用完。注射免疫可以从腹鳍基部进行腹腔注射或背部肌内注射，针头与鱼体呈30°～45°刺入鱼体。鱼种每尾注射0.2 mL的疫苗。浸泡免疫可以在不透水的网箱、大容量塑料桶、小型水泥池等合适容器中进行，浸泡时间为10～15 min，浸泡过程中需要充气增加氧容量，并及时观察鱼种的情况，若有大量脱黏或缺氧浮头现象，马上将鱼种转入大塘中。免疫后，停止饲喂1～2 d，要适当加注新水增加鱼的活动量，做好详细记录，如时间、水温、剂量等，并注意观察免疫后鱼种有无异常情况发生。免疫后5～7 d，用生石灰、二氧化氯等进行一次全池消毒。

(3) 春季药物防治 一旦发病，需要在精准诊断的基础上进行对症治疗。细菌性败血症：水体消毒剂一般采用生石灰（25～30 g/m^3）、漂白粉（1.0 g/m^3）、强氯精（0.3～0.4 g/m^3）等全池泼洒。任选一种药物即可，可有效杀灭病原菌，其中以全池泼洒生石灰水效果显著。内服药物时，可以适当添加渔用复合维生素，增强鱼体的抗病力。水霉病：在鱼类捕捞搬运和放养时尽量避免鱼体受伤，如有受伤，应采取消炎杀菌措施。暴发初期可以用0.05%的食盐与碳酸氢钠合剂，化水全池泼洒或浸洗。寄生虫病：寄生虫病原种类较多，不同的寄生虫病原有不同的适用药物。春季引起病害的主要有纤毛虫类和单殖吸虫类。斜管虫、车轮虫等可用 0.5 g/m^3 硫酸铜加 0.2 g/m^3 硫酸亚铁全池泼洒防治；小瓜虫耐药性较强，可用中草药防治，如每亩水面用辣椒粉 200 g 加100 g 姜片煮成 25 kg 药液全池遍洒防治。

（三）苗种、成鱼及渔需物资运输

1. 做好苗种运输

（1）做好苗种运输计划 苗种生产企业尽量与物流企业对接，建立稳定的运输线路，保障苗种运输至养殖企业。加强与各地渔业主管部门、行业协会对接，协同做好苗种保障和运输安全工作。

（2）做好苗种运输工作 苗种运输的过程中，不论采用何种运输方法、使用何种交通工具，都必须严格注意以下事项：要求体质健壮无病无伤；在运前要停食锻炼；注意调好水温和水质，经长途运输后，入池放养时确保养殖池水体与运输水体水温相差 2 ℃以内，尽量降低苗种胁迫应激；保持溶氧充足。

2. 做好成鱼运输

积极对接国家和地方层面行业协会，建立鱼类养殖企业与物流运输企业、消费市场的有机衔接机制，要特别加强冷链物流的引入，保障成鱼能被及时运输至消费终端。

（1）运输器械消毒 水产品装车过程中使用的器具（鱼框、渔网等）、包装材料（塑料筒袋、储运水槽等）、防水衣裤等使用前，应在清洗干净后采用相应标准浓度消毒剂流动冲洗浸泡消毒，作用时间按照消毒剂相应标准操作，消毒后再使用。

（2）运输过程管理 活鱼运输根据品种不同设定合理的运输温度，在气温升高时适当降低运输密度。疫情期间可能运输过程更为漫长，应每隔 1～2 h 检查一次鱼体状况，保障水体氧气、温度适宜。在运输途中需要换水时，每次的换水量一般不超过容器装水量的 1/2，最多不超过 2/3。

3. 做好饲料等渔需物资运输

积极选择、备好质量可靠的水产养殖用饲料、兽药及水环境改良剂等制品。预留出 1～2 周的使用期限进行采购。

（1）沟通好运输情况 在疫情防控期，应事先向主管部门申领通行证，申领通行证时，要填报车辆和驾驶人相关信息，并经所在区县疫情防控工作领导小组办公室审核、公安机关确认后，由行业主管部门发放。

（2）渔需物资运输　春季雨水较多，运输途中要注意防水、防湿；司勤人员要勤戴口罩、勤洗手和各种运输设备；必要时选用含氯消毒剂或过氧化氢对饲料和肥料的外包装、渔业机械、网具和车辆进行喷雾消毒，对特殊动物保护的品种产品外包装选用75％酒精或浓戊二醛溶液稀释后用抹布进行擦抹清洁消毒。

4. 做好销售渠道拓宽工作

受疫情形势影响，农副产品市场低迷，特别是大宗水产品由于运输条件受限，市场销量无法打开，线下交易无法完成。对此广大养殖户及水产相关企业应拓宽以往的销售渠道，结合自身情况，制定出符合当下防控防疫阻击战要求的市场销售途径。

（1）发挥政策优势　关注国家、省、市、县各级农业、水产相关扶持政策的颁布。目前，国务院、农业农村部及各级地方政府均已出台相应文件以保障农产品供应。2020年2月15日，农业农村部、国家发展改革委、交通运输部三部委联合下发紧急通知，要求加快养殖业复工复产。对于因缺少资金周转的养殖户也可通过专业农业合作社或当地农商银行申请补助贷款，以保障春季生产养殖活动的正常开展。

（2）发挥“互联网＋”的优势　水产从业养殖户可利用互联网＋渔业的方式，借助每日优鲜、盒马鲜生、美团买菜在内的各类电商平台，利用线上销售模式和渠道消化压塘存量。互联网＋渔业的线上销售模式避免了传统分销模式覆盖面窄、效率低的弊端，同时也符合现阶段防疫防控形势下避免人员大规模流动与聚集的要求。

（3）发挥水产专业合作社的联合优势　各水产从业养殖户可就近寻找、加入水产专业合作社，或成立抗击疫情互助合作集体。通过分散生产、统一采购与销售的管理模式，发挥采购和销售的联合优势，形成活鱼销售模式；也可以发展初加工水产品，借助冷链物流发展冰鲜销售新途径。

（谢骏　石存斌　李胜杰　编写）

二、春季特色淡水鱼种苗生产技术

为指导水产养殖生产，支撑“菜篮子”供给，针对特色淡水鱼如罗非鱼、黄颡鱼、鲑鳟类、淡水鲈、黄鳝、杂交鲟、乌鳢、鳜及鳗鲡等品种的养殖技术，本部分总结了春季特色淡水鱼种苗生产和配套养殖技术，分享给全国各地养殖户。

（一）种苗生产

1. 做好亲鱼培育

春季，随着水温逐渐回升，特色淡水鱼的亲鱼培育工作需要着手准备。先对越冬后的特色淡水鱼亲鱼进行性腺发育检查，排除异常情况，制订亲鱼培育计划：特色淡水鱼应体质健壮、形态标准、无病无伤，年龄为 2 龄以上，雌雄鱼比例为（1～2）：1（不同品种略有差异）。亲鱼经运输后，需经消毒处理，放入亲鱼池培育。亲鱼池的面积以 3～5 亩为宜，水深 2 m，池底淤泥少，亲鱼的放养密度为每亩 100～500 kg。淡水鲈与鳢等亲鱼投喂优质冰鲜鱼或优质配合饲料；鳜亲鱼投喂鲮、鲫、鲢、鳙、草鱼等饵料鱼，饵料鱼规格以适口为宜；日投喂量为亲鱼体重的 5%～8%，一般 3～5 d 投喂一次。黄鳝亲鱼在水温达到 15 ℃以上时开始投喂蚯蚓，日投食量按照黄鳝亲鱼体重的 3%左右投喂；黄颡、鮰等投喂优质颗粒饲料，粗蛋白质含量应不少于 30%，在亲鱼产卵前后 30 d 左右，每天增投一次新鲜的动物性饵料如小杂鱼虾等，加速亲鱼性腺的营养积累和转化，促进性腺成熟。

繁殖期亲鱼耗氧量大，对低溶氧特别敏感，春季将亲鱼池换水一半，4 月开始，每周加注新水，保持池塘水质清新，期间每隔 3～5 d 冲水一次进行刺激，促进性腺发育；在产卵期间保持池水微流水。

亲鱼培育期间坚持早、中、晚各巡塘一次，观察水质情况，保持水体溶氧充足；观察亲鱼摄食和饵料（鱼）存留数量，及时补充饵料；观察亲鱼活动情况，有异常时及时处理。

2. 做好亲鱼繁殖

早春雨水较多，昼夜温度变化大，容易造成亲鱼的人工催产效应时间延长，且不同批次差异较大，繁殖效果不稳定。使用综合性的催产激素，对亲鱼暂养水体控温，记录每批次催产激素用量和效应时间，能更好地制订繁殖计划和方案。人工催产过程中，适当添加抑菌药物，防止伤口感染引发亲鱼水霉病和赤皮病。产卵水域底质条件以沙质、少淤泥或硬质底为好，鮰和淡水鲈还需设置产卵巢等设施。池水深 1.1～1.3 m；水体透明度为 40 cm 左右；溶氧量要求在 4 mg/L 以上；性成熟好的亲鱼一般在天气晴好的状况下产卵，通常水温在 20～30 ℃时特色淡水鱼各品种均能自然产卵和受精，产卵的适宜水温为 23～28 ℃，适宜水温因品种差异而不同。黄鳝亲鱼繁殖采用人工仿生态繁育的稻田网箱繁殖技术，将稻田整理平坦，并按每亩稻田埋置面积大小为 1.5 m^2 的网箱 200 个，每口网箱中投放 3～5 棵水葫芦。

3. 鱼苗、 鱼种培育

鱼苗培育期间要提早喂食，加强训食，增强鱼的体质。罗非鱼、黄颡鱼、鮰等放苗前 3～5 d 肥水，每天用黄豆磨浆全池泼洒，每亩用黄豆 2～3 kg，鱼苗下池后一般不需投饵，5～7 d 后逐渐添加投喂人工饵料，选择配合饲料专用料 0 号料，蛋白质含量 32%～35%，每天至少投喂 2 次，日投饲量为鱼苗体重的 8%～10%。鳜苗早期投喂刚出膜的鲮苗、团头鲂苗作为开口饵料鱼，投喂量为鱼苗的 8～10 倍；鱼苗培育期间，注意饵料鱼的适口性和投喂量，并随着鱼苗的发育生长，日投饲量相应增加。淡水鲈早期投喂刚孵化出来的丰年虫幼虫、轮虫或桡足类无节幼体，每天投喂 2～3 次；培育至体长 1.5～2 cm 时，投喂枝角类、桡足类与水蚯蚓等；培育至 2 cm 以上时可驯食鱼浆及幼鱼专用配合饲料。鳙以池塘浮游生物为饵，不需专门投喂饲料。

4. 病害防控

鱼苗孵化、培育用的水体要彻底清除敌害生物、消灭病原体，并用筛绢过滤。特色淡水鱼繁殖生产用具每日消毒处理，避免交叉感染。鱼苗、鱼种培育期间，定期采用生态制剂或食盐水进行消毒，预防疾病，观察鱼苗活动情况，并定期抽样镜检，发生病害时要科学使用药物进行处理。

（二）成鱼生产

1. 做好水质调控

水质好坏是养殖成败的关键，养鱼就是养水。调控好水质可保障养殖的成功和效益。在养殖过程中，应定期抽查水样，检测池水的溶解氧、氨氮、亚硝态氮、pH、总硬度等指标。溶解氧保持在 4 mg/L 以上、pH 7.0～8.0、氨氮低于 0.5 mg/L、亚硝态氮低于 0.05 mg/L、总硬度在 50～80 mg/L 为宜。保持池水“肥、活、嫩、爽”，透明度保持在 30～50 cm。

（1）逐步加注新水 春季水温处于相对较低阶段，为了让阳光更好照射以让水温尽快上升，刚开始时水位不宜过高，一般苗种投放时水位保持在 80～100 cm，然后逐步加注新水，每次加新水 10 cm 左右，直至 1.5～2.0 m 水深为止，而且加水应在晴天中午进行。通过提高水位、增加池塘的蓄水量，形成一个稳定的水体，从而保持良好水质。

（2）科学使用增氧机增氧 精养池塘应配备专门的增氧机，其中以叶轮式较好，开机增氧可使水体对流，增加水中溶氧和散发有毒、有害气体。同时，水中溶氧丰富可促进有机物或有害物质的转化改良，提高鱼类摄食效率，增强鱼类体质，减少病害发生。

（3）适时调节水质 定期施放生石灰调节水质，减轻硫化氢等有毒物质的毒害。每次每亩池塘可用生石灰 10～15 kg，加水后全池均匀泼洒，每隔 20 d 左右进行一次。此外，有益微生物（如 EM 菌等）具有净化水质、增加水体溶氧量等作用，可每 20 d 全池泼洒一次，但是要注意和泼洒生石灰水时间至少间隔 5 d。

通过以上措施池塘水质能呈现出茶色、茶褐色、淡绿色、翠绿色、黄绿色等良好水色，实现水中物质循环的动态平衡，增强鱼类的抗病力，达到健康养殖的目的。

2. 做好种苗放养

（1）放养前准备

清塘消毒：池塘清整是为了改善池塘条件，在放干塘水、清除底部淤泥后，应保证淤泥厚度不超过 30 cm。清整鱼塘后，池底留 4～6 cm 的水深，每亩用生石灰 80 kg（或者漂白粉 15 kg）清塘消毒，彻底杀灭有害微生物。然后经 5～6 d 暴晒后回水 1.0 m 左右，注水时经 60 目筛绢网袋过滤除杂。进水后，再次使用 1 mg/L 漂白粉对水体进行一次消毒，确保水体无潜在病菌危害。

水质培育：池塘消毒 3 d 后，可对水体进行肥水操作，培养浮游生物等饵料生物，使得池水呈现淡绿色或茶褐色，透明度为 30～50 cm。

（2）苗种投放

鱼种来源：要选择品种纯正、规格整齐、体质健壮、活性强的苗种，应从正规苗种场选购，以保证苗种的质量。

鱼种规格：鱼种规格的选择与水源情况、单位计划产量、养殖周期和商品鱼的规格密切相关；还要考虑养殖地区气候特点、生长期的长短、放养密度、养殖模式等多种因素；鱼种规格原则上越大越好，但要考虑成本和运输成活率，在一个池塘中要求放养规格整齐（个体差异在 10%以内）的鱼种。

放养密度：根据池塘条件，鱼种规格大小和放养时间，出塘规格要求以及不同的养殖模式和管理水平等多方面因素确定放养密度。

放养时间：一般选择水温稳定在 20 ℃以上时放养。

鱼种投放时注意的事项：操作小心，动作轻快，尽量避免把鱼种弄伤；选择在晴天的上午、池塘的上风口投放；缓放苗，即鱼种运到目的地后，如果采用尼龙袋充氧密封运输，则先把尼龙袋卸下来，置于阴凉处暂放 15 min，然后再放在塘水中，并不断泼水淋洒，10 min 左右再打开充氧袋，并逐步灌入塘水，当包装用水与池塘水温基本一致后，再把鱼种投放到池塘里；如果采用帆布袋或罐装运输，则先静置 10～15 min，然后采用人工或机械逐步向罐里添加塘水，待罐里水温和塘水温基本一致后，再把鱼种卸放到池塘里。

3. 做好饲料投喂

（1）早开食　当水温接近特色淡水鱼的适宜生活温度时，就可以开始少量投喂（表 1－1）。随着春季的到来，水温随着气温逐渐升高，鱼的采食量会增加。当水温达到适宜生活温度时，鱼的采食量可以恢复到正常采食量的 70%

表 1－1　特色淡水鱼的适宜生活温度

品种	适宜生活温度（℃）	品种	适宜生活温度（℃）
罗非鱼	19～33	黄颡鱼	16～34
鲑鳟类	12～18	淡水鲈	20～30
黄鳝	15～30	杂交鲟	14～26
乌鳢	16～30	鳜	18～28
鳗鲡	15～30		

左右，这时按正常投喂量的一半投喂（1%～1.5%），既可以满足鱼的摄食，又不会造成投料过多浪费。如果因为疫情的影响，饲料供应受限，也可适当减少投喂量至0.5%，后期可适当增加投喂量。

（2）控制投喂量 有些养殖户在饲料投喂结束后看到还有许多鱼在料台附近等待喂食，认为鱼没吃饱，就增加投食量；殊不知投食过多对于罗非鱼等杂食性鱼种问题不大，但对于叉尾鮰、鲟、黄颡鱼等肠道短、有胃的肉食性鱼种就会造成伤害，容易引发肠炎。

（3）投喂功能性饲料 越冬后的养殖鱼类体质一般较弱，可在饲料中添加干酪乳杆菌帮助消化吸收，添加免疫多糖及保肝的药品提高鱼的免疫力；定期投喂，每10 d投喂4～5次，每天1次。

4. 做好水产动物保健

罗非鱼、淡水鲈、鳜、黄颡鱼等特色淡水鱼在养殖过程中较常见的疾病分为两类：一是细菌、真菌引起的水霉病、赤皮病、烂鳃。定期改善水体环境，发现症状，及时采取措施，合理用药。同时打捞池塘中残饵、死鱼，保持池水清洁。二是车轮虫、斜管虫、小瓜虫、孢子虫、锚头鳋等引起的寄生虫病。保持水体的肥度能有效地预防寄生虫病的发生，针对不同寄生虫引起的疾病，要有针对性地使用药物。此外，要定期使用水产养殖微生物制剂，定期加注或换新鲜水，高温季节保持较高水位，以保持良好的水生态环境。部分品种也有一些病毒病，目前没有比较好的治疗方法，主要采用疫苗和综合防控来抑制病毒病的流行。

（三）苗种、成鱼及渔需物资运输

1. 做好苗种运输

鱼苗、鱼种运输工具有尼龙袋、活鱼车等多种，运输密度根据鱼的大小、水温、运输时间等条件而各异。鱼苗运输过程中，应注意考虑到苗种的体质、水质和水温三个方面的问题。一是运输苗种的体质要求健壮、无病无伤；运输前1～3 d应先将池鱼拉网锻炼1～2次，并且在运输当天不要投饵，装运前将运输的鱼先放入清水塘中用网箱暂养2～3 h，使其排出粪便和黏液，有利于提高成活率。二是运输用水要清新、含氧量高，水温低无毒无异味。三是运输时苗种装袋、装车、下塘或途中换水时要注意温差，不能超过3 ℃。

有些鱼种如斑点叉尾鮰、罗非鱼鳍条上有坚硬锋利的棘，采用氧气袋运输时轻巧方便，需小心装袋，要防止氧气袋被鱼种棘刺破，造成缺氧死亡，导致运输失败。运输途中，在不能更换新水或缺乏其他增氧设备的情况下，鱼苗、鱼种运输中也可采取化学增氧的方法，即将一些能产生氧气的药物投入水中，使其产生氧气，增加水中的溶解氧。

2. 做好成鱼运输

（1）基本要求

质量：待运的特色淡水鱼应无污染、规格整齐、体质健壮、无病、无明显外伤、活力较强。其品质应符合《鲜、冻动物性水产品卫生标准》（GB 2733—2015）要求，并参考《斑点叉尾鮰鱼苗、鱼种质量要求》（DB32/T 2462—2013）的要求。农药最大残留量应符合《食品中农药最大残留限量》（GB 2763—2019）的要求，兽药残留最高限量应符合国家有关规定。

设备设施：运输工具、保湿材料、装载与暂养容器消毒应选择符合国家有关规定的消毒剂产品，并按产品使用说明要求的方法用量使用。用于特色淡水鱼运输的车辆可由普通货车或箱式冷藏车改装完成，但是改装需符合《机动车运行安全技术条件》（GB 7258—2017）要求，并方便活鱼装载、控温、增氧、换水及卸载。

卫生：运输特色淡水鱼的车辆设备应彻底清洗消毒（可使用聚维酮碘或高锰酸钾等）。装运过其他物品特别是运载过活体牲畜的车、船、容器等应经过清洗消毒后才可装运活鱼。

水和冰：暂养水质应符合《渔业水质标准》（GB 11607—1989）的规定，运输用水应符合《无公害食品　淡水养殖用水水质》（NY 5051—2001）的规定。运输用冰应符合《人造冰》（SC/T 9001—1984）的要求。制冰用水应符合《生活饮用水卫生标准》（GB 5749—2006）的规定。

（2）运输要求

捕捞：运前拉网锻炼，起捕前半月每周拉网锻炼一次鱼体，让待运输鱼接受长途密集低氧的承受力。

暂养：特色淡水鱼在装运前停食暂养1～2 d，暂养密度一般为30～50 kg/m^3（表1-2）。暂养溶解氧量6～8 mg/L，pH 6.5～6.8，水温15 ℃。

表1-2　有水保活运输鱼水比和运输时长

季节	水温（℃）	鱼水比	最长运输时间（h）
春季	≤10	1∶(1～1.5)	20
	≤20	1∶(2～3)	15

装载：泡沫箱冷链车适用于大批量中远距离运输。预先加入部分 10～15 ℃的清洁水至泡沫箱中，待特色淡水鱼起捕称量后倒入泡沫箱内。泡沫箱封盖打包后转运至冷链车内码放整齐，车内每个泡沫箱均从箱盖中部插入一根氧气导管。冷链车运载冷水性鱼类时宜控温在 6～8 ℃、暖水性鱼类宜控温在 10～12 ℃，泡沫箱内水体溶氧量不应低于 6 mg/L。行驶途中应每隔 2 h 随机检测若干泡沫箱内水体溶氧浓度。分仓水箱适用于小批量中近距离运输。仓内预先加入部分 10～15 ℃清洁水，特色淡水鱼起捕后称量并倒入仓内。运输过程中水温应控制在 20 ℃以内，保持连续充气增氧，溶氧量不低于 8 mg/L。

运后暂养：特色淡水鱼运至销售目的地后，投放、暂养到适宜的水体中。调控暂养水池水温，保证与运输时鱼体所处温度相差不超过 5 ℃。投鱼后需调控水温时，升温或降温梯度每小时不应超过 4 ℃。卸鱼时操作应轻快，将鱼缓慢置于暂养水体中，打开水泵循环过滤水水体，保持增氧机增氧量。

(3) 从业人员卫生要求 从业人员应具有健康合格证，患有对鱼类不利影响的疾病者不得从事特色淡水鱼运输及装卸工作。运输过程中要注意个人卫生，搬运过程中禁止吸烟、吐痰和饮食，勤洗手，手受伤时应戴防水手套。

3. 做好饲料等渔需物资运输

在疫情防控期间，应事先向主管部门申领通行证，申领通行证时，要填报车辆和驾驶人相关信息，并经所在区县疫情防控工作领导小组办公室审核、公安机关确认后，由行业主管部门发放；春季雨水较多，运输途中要注意防水、防湿；司勤人员要勤戴口罩、勤洗手和各种运输设备；必要时选用含氯消毒剂或过氧化氢对饲料和肥料的外包装、渔业机械、网具和车辆进行喷雾消毒，对特殊动物保护的品种产品外包装选用 75%酒精或浓戊二醛溶液稀释后用抹布进行擦抹清洁消毒。

（卢迈新　编写）

三、大口黑鲈种苗生产技术

大口黑鲈俗称加州鲈。人工养殖条件下 1 龄可达性成熟，水温 18 ℃时即可产卵，为黏性卵，产卵数为数千至近万粒。本部分总结了大口黑鲈生产过程中亲鱼培育、繁殖和苗种培育及病害防控主要措施等主要技术，为全国苗种生产企业和广大养殖户提供参考。

（一）亲鱼培育

（1）池塘准备 亲鱼塘面积一般为 2～5 亩，水深 1.0～2.0 m。水源充足且无污染。每亩配置 1 台 1.5 kW 的增氧机。放养前用生石灰彻底消毒，7 d 后进水，进水需经 40 目筛绢过滤。结合生产计划可加盖保温大棚提高冬季亲鱼培育水温。

（2）亲鱼挑选与放养密度 10 月从良种场引进或从养殖成鱼中选择健壮、具有明显生长优势且无病无伤的个体作为后备亲鱼。后备亲鱼体重≥600 g。雌雄个体按 1∶1 或 1.5∶1 比例配对，每亩放养亲鱼 150～250 对。

（3）投喂与水质管理 每天上下午各投喂优质饲料一次，每次投喂量为亲鱼体重的 1%～2%，适当投喂新鲜优质冰鲜鱼。池水溶氧量保持在 5 mg/L 以上。视水温及池塘水质情况适量加水或换水，定期检查性腺发育情况，观察鱼体健康状况，做好防控措施。

（二）繁殖

（1）设置鱼巢 当水温上升到 16 ℃以上时，选用宽度在 30 cm 以上的棕榈片作为鱼巢材料，在池塘岸边水深约 50 cm 处设置鱼巢。使用前经清洗、消毒，棕榈片背面用细铁丝固定于细竹竿上、插入塘底固定。每隔 1.0 m 左右设置鱼巢 1 个。

（2）人工催产与产卵 通常采用土塘作为产卵池。池塘提前经过严格消毒并清除杂鱼。产卵池亲鱼每天投喂新鲜冰鲜鱼 1 次。采用自然产卵或人工催产。

自然产卵：当水温达到 18 ℃以上时，大口黑鲈亲鱼开始成熟、分批产卵，每天早上检查、及时收集鱼巢，鱼巢经清洗后进入孵化池孵化。

人工催产：规模化育苗通常采用人工催产的方式。当水温达到 16 ℃左右，通过注射催产激素使大口黑鲈同步产卵。繁殖开始前提早将雌雄个体分开，计划早繁的可提前 1～2 个月进行亲鱼催熟，注射促黄体激素释放激素类似物（LRH－A2）（2 μg/kg 亲鱼体重）进行催熟。常用的催产剂为 LRH－A2（4 μg/kg)和多巴胺拮抗物（5 mg/kg)。一般效应时间为 20～24 h。

（3）孵化 孵化池一般为水泥池，水深 40～60 cm，孵化用水经过 120 目筛绢过滤，保持充足溶氧（5 mg/L 以上)、微流水。孵化水温控制在 20～30 ℃，以 22～24 ℃最佳。孵化池与产卵池的水温差不超过 2 ℃。同批收集的鱼巢悬挂于设置在水泥池中的架子中。孵化时鱼巢密度控制在 20～50 片/m^2，15 万～30 万粒卵/m^2。水温 18～21 ℃时需 48 h 孵化出膜，22～23 ℃时需 36 h 左右。受精卵孵化出膜后及时取出鱼巢。

（三）苗种培育

1. 鱼苗培育

孵化出膜 3 d 左右卵黄囊基本吸收完，需及时出苗或分池培育。大口黑鲈鱼苗培育分水泥池培育和池塘培育，近年开始采用工厂化育苗车间培育方式。

（1）水泥池培育 池子面积为 15～30 m^2，初期水深为 20～30 cm，以后每天加注少量新水。保持充足溶氧（5 mg/L 以上)。培育密度为 2 000～3 000 尾/m^2。早期投喂刚孵化出来的丰年虫幼虫、轮虫或桡足类无节幼体，每天投喂 2～3 次；培育至体长 1.5～2 cm 时，投喂枝角类、桡足类与水蚯蚓等；培育至体长 2 cm 以上时可驯食鱼浆及幼鱼专用配合饲料。

（2）池塘培育 池塘面积为 1～3 亩，水深 1～1.5 m。每个池塘均配备底部增氧设施和 1 台 1.5 kW 增氧机。鱼苗下塘前 10 d 先用生石灰与茶（茶籽饼）清除野杂鱼。清塘 7 d 后进水至水深约 80 cm。进水后适当施肥以培育浮游生物，放养水花密度为每亩 8 万～15 万尾，视池塘饵料生物的丰歉投喂轮虫或小型水蚤。待鱼苗体长达 1.5～2 cm 时开始驯食鱼糜或幼鱼专用配合饲料。随着鱼苗生长及时过筛与分级，一般培育 15～20 d 分级一次，以避免自相残杀。培苗过程每 5～7 d 注水一次，每次注水约 10 cm。后期根据水质与天气情况适当换水。

2. 鱼种培育

当鱼苗体长达 3～4 cm 时，转入鱼种培育塘进行培育，放养密度为每亩 3 万～4万尾；当鱼苗体长达 5 cm 时，放养密度为每亩 1 万～1.2 万尾；鱼苗体长达 10 cm 时，放养密度为每亩 0.5 万～0.8 万尾。

及时分级与拉疏是提高培育苗种成活率的重要措施。苗种培育主要投喂冰鲜鱼糜及专用苗种配合饲料。一般每天投喂 2～3 次，投喂量为体重的 4%～6%。一般经一个半月的培育，鱼苗体长可达 10 cm 以上，进入成鱼养殖阶段。

（四）病害防控主要措施

（1）大口黑鲈养殖过程易发生病毒、细菌或寄生虫性疾病，因此一定要严把亲鱼挑选关，避免使用曾患病的鱼做后备亲鱼。

（2）亲鱼培育过程应高度重视水质调控，保证充足的溶氧，控制亚硝酸盐和氨氮。每隔 10～15 d 用每亩 5～10 kg 的生石灰化浆全池泼洒，并定期使用水产养殖微生物制剂，定期加注或换新鲜水，高温季节保持较高水位，以保持良好的水生态环境。

（3）受精卵进入水泥池孵化前可用碘剂进行消毒处理；孵化期间若水温较低，为避免滋生水霉应采用水霉专用药物进行浸泡处理。

（4）在幼苗转料驯食期间饲料不适等可造成消化不良、拖便的现象，应注意饲料的适口性，调整投喂量，并保证良好的培苗用水水质。

（5）培苗过程易发生寄生虫（如车轮虫、斜管虫或小瓜虫等）病，应及时发现与处理。保证育苗期间良好的水质条件是减少病害的关键。

（叶星　孙成飞　编写）

四、杂交鳢种苗生产技术

鳢是重要的优质经济鱼类，俗称生鱼、财鱼，广东省养殖产量占全国第一，供应全国70%以上苗种。2—3月是鳢亲鱼强化培育和早繁亲鱼生产的重要时期。本部分总结了杂交鳢生产过程中亲鱼培育、亲鱼繁殖和苗种培育过程中的主要技术，为广大养殖户和苗种生产企业提供参考。

（一）亲鱼培育

（1）控制好亲鱼密度。一般斑鳢亲鱼的放养密度为每亩500 kg，乌鳢亲鱼的放养密度为每亩400 kg。

（2）选择合适饲料，定时定量投喂，灵活调整。亲鱼培育期间投喂蛋白质含量45%以上的亲鱼专用配合饲料，有条件的可搭配投喂一些冰鲜鱼和饵料鱼，强化亲鱼性腺发育，减少脂肪沉积。饲料投喂量一般每天按亲鱼总重1%投喂，具体看鱼群抢食程度和天气情况。饲料投喂前拌乳酸菌调节肠道健康，每千克饲料拌1 g乳酸菌，隔2～3 d喂1 d。

（3）特别注意关注天气变化，预计降温前1 d即减少饲料投喂，防止消化不良引起肠胃炎；低温时严禁拉网捕鱼，避免产生水霉。

（4）时刻关注水质，加强水质调节。每天进行溶解氧、氨氮、pH等水质因子的监测；充分利用晴朗天气进行水质调节，增加增氧机开机时间，提高池塘溶氧量；利用EM菌发酵产物和光合细菌全塘泼洒，调节水质，保持水质清爽，使水体具有一定肥度。

（二）催产繁殖

（1）亲鱼挑选　池塘水温22 ℃以上可开始挑选亲鱼。雌性亲鱼宜挑选腹部松软、膨大，生殖孔突出、微红的个体；雄性亲鱼宜挑选体色鲜艳、斑纹清晰的个体。挑选出的亲鱼需在24～26 ℃水泥池中暂养1 d，适当提高水温有助于性腺成熟。

（2）催产 从暂养的亲鱼中挑选反应较好、生殖孔发红的亲鱼进行催产，早春一般采用两针注射法，第一针一般在早上注射，按照每千克雌性亲鱼注射4～6 μg LRH－A2。12 h 后雌鱼注射 800 IU HCG（人绒毛膜促性腺激素）和12 μg LRH－A2，雄鱼注射 120 IU HCG 和 1.6 μg LRH－A2。注射催产剂后，雌雄鱼放入产卵巢中进行 1∶1 配对，产卵水温控制在 28 ℃以上。

（3）孵化 鳢产卵一般在夜间进行，第二天上午观察产卵情况。90%以上亲鱼产卵后即可将亲鱼捞出，将卵捞入孵化池或孵化桶中孵化。鱼苗孵化出膜后去除死卵，孵化出的鱼苗漂浮在水面上，2～3 d 后卵黄囊吸收完后集群下沉游泳，即可进入鱼苗培育阶段。

（三）鱼苗培育

（1）鱼苗培育池塘准备 用于苗种培育的池塘面积以 2～3 亩为宜，淤泥厚度≤20 cm，备有进、排水系统；水源充足，水质清新、无污染。鱼苗下塘前 5 d 清整池塘，割去塘边杂草，用生石灰和硫酸铜处理底部。2 d 后注入新水，保持水位 60～80 cm，进水口需用 80 目筛绢过滤，施放一定数量的有机肥，开启增氧机搅动池水。3～5 d 后，池塘中出现大量浮游生物时即可放苗。

（2）乌斑杂交鳢鱼苗培育 池塘培育的放苗密度为每亩 10 万～15 万尾，鱼苗以水中的浮游生物为食，不需投饵。3 d 后，鱼苗摄食导致池塘中浮游动物显著减少，需每天每亩池塘泼洒 0.5～1 kg EM 菌发酵过的鱼糜（EM 菌混合液：按重量计算，将 5～6 g 枯草芽孢杆菌、3～4 g 酵母菌、1～2 g 乳酸菌混入 500 g 无菌水中，制成活菌混合液；取活菌混合液 1 kg 与鱼糜 2 kg 混合搅拌均匀，密封常温发酵 48～72 h），以快速补充培育池内浮游生物。随着鱼苗生长，每 3 d 加注新水 1 次，每次加水 10～15 cm。经过 14～15 d 鱼苗长至3 cm 左右，选择天气晴朗的清晨进行全池拉网、过筛，按规格分养，进入鱼种培育阶段。

（四）鱼种培育

（1）鱼种培育池塘准备 池塘面积以 2～3 亩为宜，淤泥厚度≤20 cm，备有进、排水系统；水源充足，水质清新、无污染。鱼苗下塘 5 d 前应清整池塘，割去塘边杂草，用生石灰和硫酸铜处理底部，然后用 20 目筛绢沿塘基围成 1 个长约 15 m、宽 6 m 的长方形，筛绢的底部要埋进泥中，上部要高于将来加水后水面 20 cm 以上，之后用 40 目筛绢过滤进水，水深 1.2～1.3 m，在塘中央设置增氧机 1 部。鱼苗投放前 1 d 先试水，确定水中没有毒性物质方可放苗。

鱼种培育也可在鱼苗培育池原塘培育，此时为增加驯食成功率，保证鱼苗摄食饵料，需用 1 mg/L 硫酸铜和 1.2 mg/L 敌百虫杀灭池塘中的浮游动物，并开启增氧机。

（2）鱼苗投放和驯食 投放的鱼苗要求体质健壮、规格整齐，放苗密度以每亩放苗 4 万～5 万尾为宜。放苗时水体温差要求不能高于 3 ℃。将鱼苗运至培育池边，用 3%氯化钠溶液浸泡消毒 3～5 min，放进用筛绢围住的区域。鱼苗下塘后第一天停食，第二天开始驯食。为了方便驯化，可用木头和木板搭建驯食台，从塘基向水中延伸 2 m，高于水面 20～50 cm 即可。驯食开始时的饵料由浮游动物与鱼糜（野杂鱼、虾或冰鲜搅碎）混合而成，人蹲在驯食台上向水中投放饵料，吸引鱼苗前来摄食。驯食时需要有耐心，投喂时间稍长。第二天或第三天开始逐渐减少饵料中浮游动物的比例、增加鱼糜比例，逐渐过渡到全部为鱼糜。待鱼苗习惯摄食鱼糜后，在鱼糜中添加少量鳗幼鱼颗粒料拌混成团状投喂，再逐步增加配合饲料量，减少鱼糜量，直至全部用配合饲料。驯食至完全摄食配合饲料需 8～12 d，期间每天投喂 6～8 次。

驯食和正常培育期间，定期用乳酸菌拌饲料投喂，防治肠胃炎。驯食期间鱼糜和配合饲料中，每千克饲料需添加 2～3 g 乳酸菌搅拌均匀后投喂。完全投喂配合饲料后，用适量水溶解乳酸菌后均匀喷洒在配合饲料表面（每千克饲料添加 2～3 g 乳酸菌），阴凉处晾干后投喂，每周投喂 2～3 d。

（3）培育管理和分养 在饲养过程中，要注意观察鱼苗的摄食情况和活动情况，及时调整投饲量。当天气闷热或水温过高、过低时，应适当减少投饵量。

鱼苗驯食后，由于摄食程度不同会产生规格差异，应及时按规格大小进行分养。鱼种培育阶段每隔 5～10 d 进行一次筛选分养。筛选后按照“分小留大”方法，把小规格鱼种移至空塘养殖；大规格鱼种去除少部分特大规格鱼种后，留原塘养殖。分养次数视实际养殖情况而定。经过 30～45 d 饲养，鱼种达到 10 cm 规格就可进行成鱼养殖，完成鱼种培育。

（五）病害防控

春季温度变化频繁、剧烈，易引发病害。亲鱼易患烂身病，烂身病主要由丝囊霉菌、诺卡氏菌和舒伯特气单胞菌等感染引起，但主要原因是水质恶化，加强水质管理可防止大部分疾病的发生，同时也要加强饲料质量检查，不要投喂变质饲料。增加饲料中拌喂乳酸菌频次可保护肠道健康、提高鱼体免疫力、减少疾病发生。

苗种培育过程中，尤其是温度较低或水泥池培育时，易发生水霉病及小瓜虫病，要有加温保温设施，保持合适水温，避免温度变化太过剧烈，池塘中经常泼洒益生菌发酵产物，保持培育池塘一定肥度。鱼苗驯食配合饲料期间易发肠炎造成大量死亡，驯食饲料要同时拌喂乳酸菌等肠道护理产品，保证顺利转食，减少病害发生。

（六）苗种运输

鳢苗种运输一般采用充氧鱼苗袋运输，鱼苗孵化后卵黄吸收完毕可以下沉游泳时即可运输，短途运输用充氧袋汽车运输，长途用空运运输时间控制在6～8 h。到达目的地后，需要一段时间平衡袋内外水温，水温一致后可放出鱼苗进行培育。5～8 cm 的规格苗种较大，一般采用水车运输，运输前 1 d 停食，运输过程中不间断增氧，并定期换水。

（陈昆慈　赵建　编写）

五、罗氏沼虾种苗生产技术

罗氏沼虾是世界淡水养殖的优良品种之一。近年来，随着我国特别是江苏、浙江及广东等各省养殖业的迅速发展，罗氏沼虾苗种的需求量日益增多。人工育苗也由小规模、粗放式培育向工厂化、高密度方向发展。由于罗氏沼虾育苗期较长、不可控因素较多，实际生产中会遇到种种不利于苗种培育的问题。本部分根据实际操作经验，简述了罗氏沼虾人工育苗技术要点，为全国广大种苗公司和养殖户提供参考。具体如下：

（一）亲虾培育

1. 亲虾选择

在 10 月下旬，从后备亲虾中择优选择亲虾。亲虾要求体质健壮、附肢完整、全身无病灶，雄虾第二步足为橘黄色，规格为 30～50 尾/kg；雌虾要求腹部张开，规格为 10 cm、40～60 尾/kg；雌雄比例为 3∶1。

2. 亲虾放养密度

适宜的放养密度对亲虾的繁殖性能有很大的影响。放养密度需综合考虑亲虾的数量、越冬设施、越冬水温、亲虾的个体状态等因素。亲虾通常在温控大棚越冬池中饲养，越冬池每平方米放养亲虾 20～25 尾。

3. 亲虾越冬管理

（1）越冬池的管理 亲虾越冬池以面积为 100 m^2 为宜，亲虾入池前用 0.5%盐水进行虾池消毒，池水深 60～70 cm。

（2）合理放置隐蔽物 隐蔽物以毛竹或聚氯乙烯（PVC）管为主，亲虾呈立体分布，在毛竹上或 PVC 管中停歇。隐蔽物可有效提高亲虾的培育质量，并且便于亲虾活动，抱卵虾的数量较多。

（3）适当控制水温 越冬期间温度控制在 20～22 ℃。初期，因虾体刚进温棚室可能会造成机械损伤，可适当提高温棚温度 1～2 ℃，待亲虾增加摄食量、恢复体质后再降为越冬温度。

（4）保证营养供应 营养是亲虾性腺发育的基础，繁殖前 45 d 的营养供给尤为重要。一般以配合饲料为主，再配以蛋白质、不饱和脂肪酸含量丰富的动物性饵料生物，如鲜活野杂鱼、鱿鱼、螺蛳肉等，日投喂 2 次，分别为 10：00和 17：00，日投喂量占体重的 2%～3%。

（5）水质管理 100 m^2 的虾池每 2～4 m^2 放一个气石，白天间歇充气、夜间连续充气，使越冬池溶氧量保持在 6 mg/L 以上。每天及时吸污，定期换水。

（二）人工育苗

1. 育苗前的准备

（1）育苗池用水管理 第一天，对放入淡水的配水池用 10 mg/L 强氯精消毒，随后放入石灰沉淀。第五天抽过另一个配水池，用 3 mg/L 有机酸解毒。第六天用葡萄糖培水。使用前，用配水池调配淡水与海水的比例，盐度为 10～15，配好后用强氯精消毒、曝气，再消毒、曝气、解毒、培藻，水体 pH 以 8～8.5 为宜。

（2）亲虾强化培育 亲虾强化的关键体现在提高水温、加大投喂量和增加优质饵料供给等方面。保持水温在 26～28 ℃，该温度是罗氏沼虾性腺发育、交配抱卵和胚胎发育最佳温度。日投喂量增加到体重的 5%左右，并增加投喂富含蛋白质的新鲜饵料，如鱿鱼、鱼肉等，保证亲虾性腺发育所需的营养充足。

（3）抱卵虾的挑选 每隔 10～15 d 挑选抱卵虾一次。挑选规则：根据卵的颜色分灰色、棕色、黄色，将抱卵虾分成三个等级，分池饲养。卵呈棕色和黄色的虾可继续饲养，经过 10 d 左右的强化培育，卵的颜色转为灰褐色时，将亲虾放入人工海水产卵池中进行产卵，放养密度为 40～50 尾/m^2，经过 3 d 左右培育即可排出幼体。

（4）布苗 在抱卵虾排出幼体的次日上午，用 80 目的筛绢将溞状幼体拉出，移至育苗池进行培育。

2. 育苗池管理

（1）水温控制 育苗池的水温由 26～28 ℃逐渐升温，每天升 0.5 ℃，直至 30 ℃，水温对苗种培育至关重要，不能变动太大。

(2) 投喂管理 从第二天至第十天，以投喂丰年虫为主，日投喂量为0.3～0.9 kg，每天8:00和15:00各投喂一次，早晚检查摄食情况后，再决定是否补充投喂。从第十一天至第二十五天，以投喂丰年虫为主、鸭蛋为辅，每天投喂量大于1.2 kg，视摄食情况进行调整。整个投喂过程需检测水质情况，并从第四天开始吸污和吸尘。

(3) 仔虾淡化 当80%的卵变成溞状幼体时，进行第一次淡化，将盐度调整到5，第二天进行第二次淡化，盐度降低到3，第三天进行第三次淡化，此时盐度约为1，即可出池饲养。

3. 吸污工作及管理

吸污前准备好吸污的工具，吸污时需先停气，但池子中要预留几个气头继续充气，以免造成虾苗的缺氧产生应激反应；待停气5 min左右开始吸污，吸污时在气头两端反复操作两次，优先对气头远端的水体进行吸污。吸污兜要轻拿轻放，发现脏污多和死苗多时，将该部分水体吸取并放到准备好的盆中，搅动水体，等水静止后将脏污或死苗移除。全部吸污结束后，清洗吸污工具。

（三）用药管理

1. 前期准备

准备一池深度为50 cm左右的新水，幼体多时可多准备2～4池，每池放幼体80万尾。幼体入池后当天用2 mg/L五黄中药（黄芪、黄芩、黄连、黄柏、大黄）全池泼洒；第二天对水体进行解毒；第三天使用市场上销售的蛭弧菌和光合菌分别用10 mg/L的剂量进行调水。

2. 培育期用药

虾苗饲养过程中需要进行过池处理，过池水处理和用药方案如前期准备。先准备60 cm深度的水（原池水30 cm加30 cm新水），第一次过池为第十天左右，第二次过池为第十六天，第三次过池为第二十二天，视水质、苗的状态而定。

（于凌云　吴勇亮　王亚坤　编写）

六、黄喉拟水龟种苗生产技术

黄喉拟水龟俗称石龟、石金钱，是我国新兴的大宗淡水养殖龟类之一。近年来黄喉拟水龟的存塘量多于乌龟。每年5—8月是黄喉拟水龟繁殖高峰期。本部分总结了黄喉拟水龟生产过程中亲龟培育、繁殖和苗种培育及病害防控方面的主要技术，以期为广大养殖户和苗种生产企业提供参考资料。

（一）亲龟培育

1. 亲龟池准备

亲龟水泥池面积一般为80～100 m^2，分为三部分：后部约占总面积的3/4，为水深30 cm左右的蓄水池；中部约占总面积的1/8，为喂饵及活动场，可种植部分花草植物；前部约占总面积的1/8，为产卵场，铺放粒径0.5 mm左右、厚度30～40 cm的细沙，上盖顶用来遮阳或挡雨。龟池四周设50 cm高的防逃墙。

若为土池，面积宜为1 000～1 300 m^2，池深1.8 m，水深1.2～1.5 m。坡比1∶3，坡岸四周留0.5～1 m宽的空地供亲龟活动及产卵。龟池四周设50 cm高的防逃墙。池内设5～8 m^2的晒背台4～5个；设与水面呈15°～30°倾斜的饲料台若干个。池中种植水草，面积为总水面的20%～25%。亲龟进池前7～10 d用20 mg/L的漂白粉或15 mg/L高锰酸钾全池泼洒消毒。

2. 雌雄比例及放养密度

亲龟选取人工选育的非近亲交配且已性成熟的成龟，要求活泼健壮、体形完整、无病无伤。年龄在4冬龄以上，体重≥500 g。雌雄个体按2∶1或3∶1比例配对，水泥池每平方米放养2～3只；土池每平方米放养1只。

3. 投喂方法及管理

选择专用的全人工配合饲料，定时、定点、定量投喂。饲料投喂量以亲龟体重的0.8%～1.5%为宜。根据水温、天气和亲龟的摄食强度灵活调整投喂量，控制在2 h内吃完为宜。水温为15 ℃时，每隔3 d投喂一次；水温为18～20 ℃时，每隔2 d投喂一次；水温为20～25 ℃时，每日10:00左右投喂一次；水温为25 ℃以上时，每日9:00前和16:00后各投喂一次。

每天早晚各巡池一次，观察亲龟摄食、活动和水质变化等情况，高温季节要特别注意水质变化；及时捞出病龟并诊断治疗；经常检查进排水口及防逃设施，及时清除残饵及排泄物；每天定时测量水温、pH等水质因子，做好养殖记录。秋末，当水温低于10 ℃时，将龟转入室内越冬，保持室温为5～10 ℃。翌年水温上升到15 ℃时，应及时投饲引食，恢复亲龟体力。

（二）繁殖

1. 产卵前准备

翻松并暴晒消毒产卵场的沙土和蛭石，控制湿度，以手捏成团、松手即散为宜。

2. 受精卵收集

受精卵采集时间以6:00—7:00或17:00—18:00为宜。每天先检查产卵场，发现产卵痕迹时用竹签做好标记，24 h后待受精卵能分辨出动、植物极时再收集，收集时记录产卵日期、窝卵数和产卵量，统计受精率。

3. 孵化

孵化设施可以选用泡沫箱、木箱或塑料箱，孵化房内安装控温仪等配套设备。孵化介质可以选用蛭石或河沙。将受精卵平放入底部铺有3～5 cm厚的蛭石或河沙中，保持卵间距2 cm，卵上再覆盖2～3 cm厚的孵化介质。控制河沙含水量为5%～10%；蛭石的含水量为50%，孵化温度控制在26～31 ℃。及时清除死卵，定期给孵化介质喷水，做好每日孵化管理记录。

（三）苗种培育

1. 稚龟暂养

刚孵出的稚龟待其卵黄囊吸收完毕后，置于水深1～2 cm的光滑陶瓷或塑料盆中暂养，注意经常换水，日投喂量占稚龟体重0.8%～1.5%的全人工配合饲料，分2～3次投喂，暂养5～7 d后，选取脐带完全脱落、脐孔封闭、体质健壮、无病无伤的稚龟放入培育池中养殖。

2. 养殖环境

室外养殖一般为水泥池，面积为 5～50 m^2，3/4 为水池、1/4 为陆基。池深约 0.5 m，水深以 10～30 cm 为宜。龟池上方盖遮光布遮阳，水池中放入约水面面积 1/3 的水浮莲等漂浮性水生植物，为稚、幼龟提供隐蔽的地方。池四周有约 50 cm 高的防逃墙。有进、排水系统，进、排水口设防逃栅栏。在稚、幼龟入池前，用 15 mg/L 的高锰酸钾对龟池进行消毒，用 10 mg/L 高锰酸钾溶液或 5%的盐水浸泡稚、幼龟 10 min 左右进行消毒。

恒温养殖培育池建于室内，可用泡沫、塑料、玻璃、不锈钢等材料制成，单池长约 2 m、宽约 1 m、高约 0.5 m。水深以没过幼龟背部 1～2 cm 为宜，水温控制在 28～32 ℃。如采用单池保温的方式，每个龟池需配备电热棒、控温仪等控温设备；或采用室内空间整体保温，配备相应控温设备。每个龟池均应设置食台，可在食台上方安装 1 个 5 W 的小灯泡用作照明，方便稚、幼龟摄食。

3. 放养密度

体重 50 g 以下稚龟放 80～100 只/m^2 为宜；体重 50～150 g 幼龟放 30～40 只/m^2 为宜；体重 150～250 g 幼龟放 20～30 只/m^2 为宜。

4. 投喂方法及管理

投喂全人工配合饲料，日投饲量为龟体重的 3%～4%，分早晚两次投喂，遵循定时、定点、定量原则。并根据季节、天气和摄食情况酌情增减投喂量，投喂量以投喂后 1 h 内吃完为宜。

当水温下降至 15 ℃以下时，规格在 50 g 以下的稚龟需移入稚、幼龟恒温培育池内饲养，水温保持在 28～32 ℃；规格在 50 g 以上的幼龟可以在室内原池中自然越冬，也可以在池上加盖塑料薄膜保温越冬。

（四）病害防控

自然状态下的黄喉拟水龟自身抗病能力较强，一般情况下不会患病。但是处在恶劣的环境条件下，其自身免疫力会降低，易感染疾病，严重的会造成大规模死亡。黄喉拟水龟常见的疾病主要有营养性疾病、腐甲病、肤霉病、白眼病、颈溃疡病、肠胃疾病、穿孔病、水蛭病和环境疾病等。病害防控主要以

“预防为主，防治结合”为原则，养殖前后要彻底清淤、消毒龟池；养殖过程中要投喂优质饲料；定期用生石灰、漂白粉溶液等对龟窝、水体、产卵沙池、饲料台、饲养工具进行消毒；定期在池中泼洒有益微生物制剂；越冬时期要定期检查温度情况，发现病龟应及时捞出隔离，查明病因并及时采取防治措施。

（刘晓莉　王亚坤　编写）

02

第二篇　水产养殖技术

一、稻田养鱼技术

近年来，全国积极发展稻渔综合种养，不但有利于提升农产品质量，保障人们的餐桌安全，更能提高土地产出率，增加农民的收益，对于全国实施乡村振兴战略和推进内陆山区精准扶贫提供了很好的路子。早稻一般在 3 月上旬播种、7 月中旬收获，因此目前是稻田养鱼前期准备的关键期，各养殖户和相关生产企业应在做好自我防护、科学防疫的同时，采取合理的养殖管理手段、规避养殖风险，为稻田养鱼工作做好充足的准备。

（一）做好前期准备工作

（1）田块选择 稻田土壤泥质（即土壤具有一定肥力能够生长植物）、光照充足、水源充足、水质无污染、枯水季节也能有水供应，有一定的防洪能力。

（2）加高加宽田埂（田基） 田埂加高至 0.5 m，田埂顶部宽 0.3 m、底部宽 0.5 m，利用开挖鱼凼的土方进行加高加固，田埂层层夯实。有条件的可在田埂内侧和顶部用混凝土现浇护坡。

（3）开挖鱼沟和鱼凼（也称鱼溜） 稻田开设鱼沟，宽 0.8～1.0 m、深 0.5～0.8 m，其形状根据水田面积划定，面积大的水田开挖成“井”“田”“目”字形，小的农田开挖成“日”“十”字形。鱼凼一般建在田中央或者田对角，深 1.0～1.5 m，正方形、圆形或椭圆形。鱼沟和鱼坑的面积不超过稻田面积的 10%。

（4）进、出水口及拦鱼设置 为便于水体交换，进出水口要对开。拦鱼材料可用竹、木、尼龙网、铁丝网制作，安装时呈弧形，以增大流水面，凸面朝向田内，上沿略高于田埂，安装牢固，有条件的可用混凝土预制板修建进水口和排水口。

（二）做好养殖品种的选择

此次疫情对商品鱼影响较大，未来一段时间可能某些品种价格会低迷一段时间，因此要求养殖户在稻田养殖品种选择时要精选，适度减少盲目投放，可以选择一些新的品种，或者在常规养殖品种上创新养殖模式，提升水产品品质。

（三）提前联系好苗种场

受疫情影响，一些苗种场可能会出现减产或者停产现象。养殖户在选择好品种后可以提前与苗种场联系。疫情期间，为避免不必要的人员流动，可采取现代信息化手段通过线上提前联系苗种商家，通过视频查看苗种优劣，提前预订，以免耽误生产。

（王广军　编写）

二、南美白对虾低盐度土塘健康养殖技术

回顾近 20 年南美白对虾养殖发展历程，一直未有稳定的养殖技术方案，且养殖效益波动较大。水源、饲料等投入品相对稳定，为什么会这样呢？笔者根据多年的实操经验认为：种源不稳定、种苗质量对环境的适应性降低是造成上述问题的主要原因。为了促进南美白对虾养殖业的健康发展，本部分总结了一些比较有效的方法供业界参考。

（一）碱化塘底

一般在准备养虾前 1 个月初次碱化塘底。抽干塘水后使用生石灰每亩 150～250 kg加少量水化成石灰粉，在石灰热量还没有散失的时候全塘均匀干撒，10 d 后抽干塘里的积水，暴晒 10 d（每天有积水时尽量抽干）。二次碱化，在暴晒 10 d 后使用生石灰每亩 50 kg 加少量水化成石灰粉全塘干撒，并进少量水没过塘底全塘浸泡，5 d 后测量塘水，pH 超过 9.0 时抽干塘水暴晒 3 d 就可以准备进水了，pH 在 8.0～9.0 就可以直接准备进水了，pH 低于 8.0 需进行三次碱化，三次碱化后 pH 还是低于 8.0 则该塘不能养虾。碱化塘底的步骤是因地制宜，北方高碱高硬区域需要翻耕暴晒，不需要碱化塘底，南方低碱低硬泛酸底就需要碱化塘底，不需要翻耕暴晒。

（二）增氧机的安装

（1）增氧机的选择 尽量不要选择叶轮式增氧机，容易造成局部大量集污，没有水流，只有水浪。要选择水车式增氧机，不易局部集污，塘底干净，容易做出菌相水，利于对虾养殖。

（2）增氧机配比 每亩 0.75 kW 的水车式增氧机 2 台，如果选用1.5 kW 4 叶轮的水车式增氧机，会造成水流过快，不利于对虾摄食和生长。最好一个 6 亩塘配备 12 台 0.75 kW 的水车式增氧机。安装原则是留出喂料通道，一般

离岸水边线 8 m 宽即可，不能有死角，尤其是塘中间要有水流对冲。

（三）进水处理

使用两层 120 目的网袋过滤进水，如果使用地下水调节盐度，要提前抽够地下咸水，再添加淡水来调节盐度。抽好地下咸水后使用腐殖酸钠溶液 2 L，转化水体中的铁离子后再进淡水来调节盐度。一般进水平均水深 1 m 左右即可。水体消毒每亩使用 1 m 水深硫酸铜 1.3 kg 加三氯异氰尿酸粉（有效氯含量 30%）2 kg 化水全塘泼洒，打开增氧机 1 h 搅拌均匀后停机静置 2 d，彻底杀灭水体中的各种菌类、藻类、寄生虫。第三天使用茶籽饼（浸泡 24 h）每亩 20 kg 全塘泼洒，开动增氧机 1 h 搅拌均匀后停机静置 1 d，杀灭水体中的浮游动物，补充底肥，为肥水做好准备。第四天就可以开动增氧机曝气，去除水体中的余氯和茶皂素的毒性，一般连续曝气 48 h 就可以肥水了。

（四）育藻培菌

培水时间一般为 12～15 d，稳定的菌藻水体是养殖成功的保障。

（1）培水之前检测水质 余氯不得检出、pH 7.8～8.2、氨氮 0～0.2 mg/L、亚硝酸氮 0～0.1 mg/L、总碱度 120～180 mg/L。

（2）培菌液的制备 初次培菌液制备，准备一个 200 L 的桶，花生麸 20 kg＋发酵料 10 kg＋特种碳源 2 kg＋乳酸菌粉 200 g＋EM 菌液 10 kg 搅拌均匀，加干净水 100 kg 后，再搅拌均匀，使用透气的布盖住桶表面，防止杂物进入。二次培菌液的制备，准备一个 200 L 的桶，麦麸 20 kg＋发酵料 10 kg＋特种碳源 2 kg＋乳酸菌粉 200 g＋EM 菌液 10 kg 搅拌均匀，加干净水 100 kg 后，再搅拌均匀，使用透气的布盖住桶表面，防止杂物进入。一般 25 ℃以上水温发酵 4 d 即可，水温越低发酵时间越长。初次培菌液一桶使用 2 亩，二次培菌液一桶使用 6～8 亩。第一次培菌使用初次培菌液，以后培菌使用二次培菌液。

（3）初次培水 在晴朗天气，打开全部增氧机，8:00 使用白云石粉每亩 40 kg，10:00 使用有机肥每亩 5 kg＋无机肥每亩 2.5 kg＋磷酸二氢钾每亩 0.5 kg，化水全塘泼洒，各产品使用量可根据塘水的肥瘦程度适当增减，肥水过程保持每 2 亩一台增氧机持续工作。肥水 4 d 后可以使用初次培菌液，首先测量水的 pH，如果 pH 高于 9.0，加倍使用培菌液，pH 为 8.5～9.0 正常使用，pH 为 8.5 以下减半使用。培菌过程中保持每 2 亩一台增氧机持续工作。

(4) 第二次培水 一般在初次下肥后第 6 天再下次肥，稳定水体藻类，使用一次腐殖酸钠溶液每亩 2 L，稳定水体的各种营养元素。初次培菌液使用后每隔 3 d 补充一次二次培菌液，每桶可用 6～8 亩。培水过程中保持每 2 亩一台增氧机持续工作。培水 15 d 后，水体菌藻系统基本稳定，就可以直接放苗或者将淡化的虾苗放入大塘了。

（五）淡化标苗

一般塘水盐度小于 3，苗期一般要标苗逐级降低盐度进行淡化，这样虾苗的成活率会提高很多，虾苗也更健壮。标苗淡化时间为 8～10 d。

(1) 淡化池的建造 目前，比较常用的就是使用彩条布在塘角围一定区域作为淡化池，这种效果不是很好，岸上的敌害如青蛙会大量摄食虾苗，水里的水蜈蚣和水蛇等也会侵害虾苗。由于底部是泥土，投喂的饵料会堆积在底部泥土缝隙中，虾苗无法全部摄食造成底部污染，因而标苗过程中往往出现氨氮偏高现象，造成虾苗损失。比较好的方法是用彩条布做成正方形的水袋（水袋四边高 1.5 m，每条边上下边都必须有绳子，一般每边上下各 6 个固定点，便于固定），面积根据放苗量来决定，一般 1 m^2 可以放苗 5 000 尾。以 5 亩塘为例，做底面积 50 m^2 的水袋，可以标苗 25 万尾，配备一台 1 kW 左右的潜水泵，出水口使用 3 m 长的 6.7 cm PVC 管（管上顺着管长方向钻孔 3 排，每排 10 个孔左右）转接，便于进水时水的冲力较小且均匀，这样不损伤虾苗，再准备一条长 5 m 的 6.7 cm 钢丝波纹管，便于排水。

(2) 淡化池的安装 一般在塘水初次培菌后就可以安装淡化池并准备放苗了，淡化池的安装、调水应在 2 d 内完成。在塘里选择地势平坦的位置放置淡化池，淡化池不能太靠岸边，离岸边水际线 3 m 即可，用竹竿（竹竿插入底泥一定要稳固）先把上边缘固定好，每条边 6 根竹竿固定，保证进水后形成水位差时淡化池不会破损。接着进水，直到内外水位差达到 3 cm 左右为宜，这样便于彩条布绷直，没有皱褶，虾苗就不会在死角闷死。进好水后，固定好底部边缘。

(3) 淡化池水处理 直接用 1 kW 的水泵抽塘水进淡化池，水泵安装在水的中上层，以避免抽到底部泥浆水，达到水位要求即可。接下来调节淡化池水盐度，可以用海水、海盐，地下咸水水质达标的也可以使用。放苗在 0.5～0.7 cm 的苗盐度调到 8 以上，放苗在 0.8 cm 以上的调到 5 以上。每提高淡化池水 1 盐度每立方米水体需加海盐 1.1 kg 左右或加盐度为 28 的海水为 50 L (50 kg)，以 50 m^3 淡化池水提高 1 盐度为例：需加海盐 65 kg 或者盐度为 28

的海水 2.5 m^3。盐度比重换算公式：水温在 17.5 ℃以上时，盐度＝1 305×（比重－1）＋0.3×（温度－17.5）；水温在 17.5 ℃以下时，盐度＝1 305×（比重－1）－0.3×（17.5－温度）。

（4）增氧设备的安装 使用鼓风机连接气石或纳米出口。鼓风机选用 1～2 kW 的即可，每平方米有一个出气口，选用大号气石以便充气时沉入水底；纳米管出气口有 20 cm 弯成圆形、使用瓷罐做坠子。增氧设备安装好后持续曝气使淡化池水均匀。

（5）放苗前准备 放苗前 1 d，使用多矿每立方米水体 20 g 化水全池泼洒，腐殖酸钠溶液每立方米水体 10 g 化水全池泼洒。

（6）放苗 运输时间在 5 h 以内的，可以直接将虾苗袋放入淡化池同温 30 min，放苗过程遵循轻拿、慢放原则，打开苗袋，缓慢加入与苗袋水量等量的池水，再缓慢倒出苗袋的水，让虾苗顺着袋里的水进入淡化池。用刀片直接割破苗袋放苗的方法对虾苗损伤很大，没有缓解水质急剧变化的过渡，会引起大量脱壳虾苗的应激。运输时间超过 5 h 的，这时苗袋内水质氨氮一般在 1 mg/L以上，pH 在 7.0 以下，直接放苗会造成虾苗大量死亡。准备一个 500 L的大桶（可容纳 50 万尾虾苗），首先向桶里加淡化池水 20 L 左右（桶里没水会造成前面两袋的虾苗黏在桶壁上），再把虾苗放入桶内，每袋虾苗加水大概 5 kg 左右，以每袋虾苗 1 万尾计，放完虾苗桶里大概有 270 L 水，因此还有足够空间加淡化池的水，放完虾苗后立即开始充气，气量要小，达到水刚好翻起来为准，再逐渐加大气量，此操作过程 20 min 左右，每 5 min 测量水的溶氧量、氨氮、pH，溶氧量降到 8～10 g/L 时就可以缓慢加入淡化池的水，测量水的 pH，pH 上升到 7.8 左右就可以使用手抄网捞出虾苗放入淡化池，此过程大概 30 min。

（7）喂料 虾苗放完 5 h 后，虾苗基本散开沉底后，就可以投料。选用各大饲料厂的开口料即可，在水温 26 ℃时，0.6 cm 的虾苗体重 0.5 kg 大概在 8 万尾，按全天投喂量占体重的 80%计算，每万尾虾苗全天投喂为0.05 kg，以 50 万尾虾苗为例：全天投喂量为 2.5 kg，分四餐投喂，投喂时间为 7:00、11:00、15:00、20:00，每餐投喂 0.625 kg，以后每天的投喂总量是上一天的 1.1 倍，水温不同适当增减量。

（8）水质调控 喂料开始的第二天开始调控淡化池的水质，每天 9:00 每立方米水体使用光合菌 20 mL 加乳酸菌粉 2 g 化水全池泼洒。

（9）淡化 放苗第三天，虾苗恢复活力、硬身后开始淡化，使用 1 kW 的水泵抽塘水进行淡化，进水 PVC 管应高出水面 50 cm 左右，不能直接放在水里，以免冲到虾苗。出水管使用的波纹管高出水面 10 cm 即可，尽量排放表层水，使用20目的网布套住管口，管口朝上，避免虾苗被吸出（注意清洗网布，以免堵塞）。进排水要同时进行，保持淡化池的水位稳定，第一天淡化1 h，以后每天是前一天淡化时间的2倍，直到连续淡化到全天都抽水时就可以放苗到塘中了。

（六）养成管理

虾苗淡化8～10 d放到大塘中，一般虾苗体长平均为2.5 cm左右，进入正常的对虾养殖管理。

（1）投喂管理　科学合理的投喂是维持水体稳定的保障、是对虾健康生长的关键。

投料量的确定：喂料是否合理关系到对虾的生长速度和养殖成功率，因此要严格要求。一般虾苗放入大塘第二天早上就可以开始喂开口料，喂料时间及投喂量为7:00投喂35%、13:00投喂35%、20:00投喂剩余的30%，投喂量参照投料对照表，并且要估算淡化后的成活率，一般低盐度的淡化成活率为八成左右，则暂时按八成苗量来确定每天的投料量。虾苗体长平均为4 cm时，喂料餐数变为四餐，投喂时间及投喂量为7:00投喂30%、11:00投喂25%、16:00投喂30%、20:00投喂15%。开始使用料台来决定投料量，一般一个6亩塘设置两个投料台，投料台平面距塘底部10 cm，将两个投料台分别放到投料区域，两个投料台的水位深度要基本一致，每个投料台放料量为每餐投料量的0.5%就可以了，通过2～4 d的过渡，以1 h吃完来确定投料量。

拌料：每天喂料的第二餐需拌料。在开口料阶段，使用发酵料每千克料添加400 g、乳酸菌粉每千克料添加40 g，将饲料、发酵料、乳酸菌粉搅拌均匀加入干净的淡水中浸泡3 h后带水投喂。在0号料阶段，使用发酵料每千克料添加200 g、乳酸菌粉每千克料添加20 g，将饲料、发酵料、乳酸菌粉搅拌均匀加入干净的淡水中浸泡3 h后带水投喂。在1号料阶段，使用发酵料每千克料100 g、乳酸菌粉每千克料10 g加入干净的淡水搅拌均匀后，再慢慢加入饲料中搅拌均匀，使饲料达到全湿即可，在阴凉处晾干1 h后就可以投喂。在2号料阶段，使用发酵料每千克料添加40 g、乳酸菌粉每千克料添加4 g加入干净的淡水搅拌均匀后，再慢慢加入饲料中搅拌均匀，使饲料达到全湿即可，在阴凉处晾干1 h后就可以投喂。

转料：对虾养殖的饲料一般都是开口料、0号料、1号料、2号料逐级转换，各型号饲料配方比例均不一样，因此转料过程中要考虑对虾肝胰、肠胃对饲料的适应性。虾苗体长平均3 cm时由开口料转换成0号料，是从粉料转换成破碎粒料，饲料的浪费量减少，转料过程中不宜加料，过渡期 3 d 左右。虾苗体长平均 5 cm 时由 0 号料转换成 1 号料，这两种型号料的配方基本一样，只是颗粒度的大小有差异，过渡期 2 d 左右。对虾体长平均 7 cm 时由 1 号料转换成 2 号料，这两种型号料的配方差异较大，2 号料每天以 15%的量增加，过渡期 7～10 d。

增减料：一般情况下，在对虾养殖过程中对虾每天都在生长，因此每天都应该加料，但实际生产中往往会遇到几天加不上料，甚至出现减料的情况。影响对虾摄食量的因素很多，概括起来主要有以下几个原因：

大脱壳期。一般在每个月的农历初一、十五对虾的脱壳数量相对较多，这段时间可以适当减料或不加料。

水温变化。一般在水温超过 30 ℃时对虾摄食量会减少，水温越高摄食量越少，到 36 ℃时基本不摄食；水温低于 30 ℃时，每降低 1 ℃对虾摄食量大概减少 5%，水温低于 16 ℃时基本不摄食。因此要根据水温的变化来确定投料量的增减，可参考投料表。

水体溶氧：一般在水体溶氧到达 5 mg/L 时，对虾摄食量正常，低于 5 mg/L时对虾摄食量减少，低于 2.8 mg/L 时对虾基本不摄食。

水体 pH。在水体 pH 为 7.8～8.8 时对虾摄食量正常，过高或过低都会影响对虾摄食量。

水体其他因素。水体的氨氮、亚硝酸氮、总碱度、藻类浓度、菌类浓度等都会影响对虾的摄食量，应根据具体情况来增减料。

对虾病害。对虾发生病害时，对虾的摄食量会锐减，因此对虾摄食量是否正常也是提前预判对虾病害的重要指标。

天气变化。阴雨天、高温天气会影响对虾的摄食量，应根据具体情况适当减料。

（2）转肝期管理　对虾体长在 5～7 cm 阶段，是对虾肝胰表面形成白膜、肝胰器官完善的过程，也有部分虾苗在体长达 2 cm 时开始进入转肝期，这种情况的虾苗长速较慢。转肝期刚好是对虾摄食量大幅度提高的阶段，肝胰容易发生病变，因此保肝、护肝很重要。使用大黄流浸软膏 1 m 水深每亩 1 L 化水进行全塘泼洒，每隔 2 d 使用 1 次，连用 3 次；内服板黄散，用开水浸泡 1 h，每包拌料 5 kg，每天一餐，连用 6 d。

（3）大脱壳期管理　在对虾养殖过程中，每逢农历初一、十五前后，水温骤变，在低氧等情况下，对虾会出现大脱壳，可明显看到水面飘着虾壳，对虾摄食量减少。遇到对虾大脱壳时，上午使用白云石粉每亩 10 kg 加多矿每亩 1 kg，晚上使用过碳酸钠颗粒每亩 500 g 全塘干撒，以上方案隔天再用一次。

(4) 增氧机管理　增氧机的使用非常重要，定期检查维护好电源线路、开关；检查配备的发电机是否正常，一般 15 d 维护一次，以防停电造成人为损失；保证好送电正常才能安全合理地使用增氧机。以 6 亩土塘为例，总共 12 台0.75 kW 的水车式增氧机，放苗后开 6 台，摄食时换开另外 6 台增氧机，有利于塘底死角不集污、保证增氧机的正常使用。增开增氧机的数量跟投料量直接相关，在对虾体长达 5 cm 后，当天投料是上一天投料的 1.2 倍时加开 1 台0.75 kW 的水车式增氧机，直到所有增氧机加开完为止，喂料时投料通道 6 台增氧机关闭直到摄食完重新开启，中间 4 台增氧机常开。

(5) 阴雨天管理　对虾养殖过程中会遇到阴雨天，往往天气返晴 2 d 后，水体藻类大量繁殖，水体变浓，对虾开始出现各种病害，因此阴雨天管理是对虾养殖中关键的一环。

阴雨天水质的变化：光合作用减少，水体藻类会出现大量死亡，造成水体中藻类处理氮的能力下降，为氨化细菌生长提供了条件，水体中的氨氮含量会逐渐上升，进而为亚硝化细菌生长提供了条件，水体中的亚硝酸氮含量上升。水体中大量菌群的快速生长（包括有害菌群）会造成水体低氧、总碱度急剧下降、pH 下降，进而影响对虾的健康，对虾出现软壳、不正常脱壳、肿鳃、细菌感染等症状。

天气转晴水质的变化：在阴雨天阶段，由于藻类的减少，大量的氮处理依靠菌来解决，而菌处理氮能力需要时间（一般 15 d 左右能达到氮平衡），因此阴雨天阶段积累了大量氮，天气转晴后，光合作用增加，水体藻类大量繁殖，水体变浓，水体中的氨氮含量下降，但藻类基本不吸收亚硝酸氮，水体中的亚硝化菌继续与藻类竞争氨氮，水体中的亚硝酸氮持续上升（低盐度水体对虾容易造成亚硝酸氮中毒），硝化作用的形成更是需要很长的时间，一般在 30 d 左右，亚硝酸氮转化成硝酸氮过程受阻，因此亚硝酸氮在一段时间内还会持续上升。

处理方案：阴雨天阶段，每 2 d 使用一次腐殖酸钠溶液 1 L 加多矿 0.5 kg，释放、补充水体的微量元素，保持水体中的藻类正常繁殖；每 3 d 使用一次白云石粉每亩 10 kg，提高水体的总碱度；每天 22:00 使用生石灰每亩 2.5 kg，提高水体的 pH，保证藻类的正常繁殖（pH 过低藻类不能正常繁殖）；还可以每 3 d 使用维生素 C 粉每亩 0.5 kg，提高对虾抗应激能力；如果雨水过大，适当补充海盐每亩 25～50 kg，以调节盐度、促进对虾正常硬壳。天气转晴后，使用光合菌每亩 1 L，每天一次，连用 3 d，控制藻类过度繁殖，防止水体快速变浓。在阴雨天和转晴阶段，要减少投料（减少投料就减少了水体中氮的投入），直到天气稳定、对虾健康状态良好时逐渐恢复正常投料。

(6) 水质管理 在对虾养殖过程中，管理好水质的变化是养殖成功的保障。

菌藻的管理：一般遵循前期肥水、中期控水、后期瘦水的原则。前期主要是下肥培菌，培育大量的饵料生物，为虾苗提供天然饵料；中期主要是控制水体藻类浓度，适当补充碳源，培育菌群，以抑制水体中的藻类过度繁殖；后期主要是控制藻类的繁殖，让水体的菌群大量繁殖，逐渐提高水体的透明度，达到 30～50 cm 为宜。前期培水育藻过程不再赘述；中期后主要是使用光合菌每亩 0.5 L 和特种碳源每亩 0.5 kg，基本是 3 d 使用一次。

水体理化指标的管理：pH 维持在 7.8～8.6，前期 pH 过高时可以加倍使用二次培菌液的量，中后期 pH 过低时 22:00 使用生石灰来提高 pH；总碱度低于 160 mg/L 时，每 5 d 使用白云石粉 15 g/m^2 提高总碱度，如果养殖前期总碱度低于 250 mg/L、养殖后期总碱度持续增高超过 250 mg/L 说明水体溶氧量不足，晚上使用过碳酸钠颗粒，并尽量加开增氧机；氨氮含量通常维持在 0.6 mg/L 以下，如果突然升高说明水体中的菌藻系统崩溃，可以采取大换水来快速降低氨氮含量，使用有机酸每亩 2 L 来降低氨氮的毒性，对虾稳定后再重新调水；亚硝酸氮含量通常维持在 0.3 mg/L 以下，如果含量突然升高，在氨氮含量低的情况下可以通过使用尿素每亩 0.5～1 kg 来抑制亚硝化作用，降低水体中的亚硝酸氮含量，使用硫代硫酸钠来解毒，使用海盐或添加海水来提高水体盐度，降低亚硝酸氮的毒性。

(7) 进排水管理 对虾养殖到体长 6 cm 后就要开始补充新鲜水，有条件的可以使用蓄水塘蓄好水，进行消毒处理后，再进入养殖塘，也可以直接进干净的新鲜水。进水方式：使用 1 kW 左右的水泵直接抽入养殖塘，出水口使用两层 120 目的网袋过滤，进水量不能超过 30 m^3/h，第一天进水 1 h，以后每天进水时间增加 0.5 h，直到全天 24 h 进水，并一直保持到收完虾。排水方式：进水达到平均 1.2 m 深时就要开始排水，排水位置安排在进水远端，排水口距水面 30 cm 即可（主要是排表层的藻类水），整个养殖中后期水深维持在平均 1.2 m 就可以了。

(8) 收虾管理 养殖后期，对虾养殖到 80～100 尾/kg 时，虾塘存塘量达到很高，水体的承受力基本达到极限，一般很多养殖户都会采取多次收虾的方式来降低存塘量，从而提高对虾总产量。

收虾方式：一般是拖网刮虾和地笼装虾两种方式，这两种方式各有优缺点。拖网刮虾优点是速度快、收虾的数量较容易调整，收起来的虾活力好，收购商喜欢；缺点是容易刮伤虾，易翻起塘底的集污区，刮虾后水质容易变化。地笼装虾优点是人工成本低，伤虾的可能性降低很多；缺点是收虾时间长，收虾的数量不易把握。

收虾前的准备：收虾时应该避开大脱壳期，选择天气晴朗、对虾活力好的时间进行。收虾前 1 d 开始停料，让对虾尽量清理一遍塘底，防止收虾时翻塘（拖网刮虾和地笼装虾都能翻起塘底的集污）；在 22:00 使用一次海盐每亩 10 kg全塘干撒、低标号的水泥每亩 2.5 kg 化水全塘泼洒；收虾前 1 h 使用过碳酸钠颗粒每亩 1 kg 提高水体载氧能力，使用维生素 C 粉每亩 0.5 kg 提高对虾活力。

收虾的操作：一般存塘量超过每亩 400 kg 虾就可以开始第一次收虾了，第一次收虾大概收存塘量的 30%，以 6 亩塘放 30 万尾苗为例，虾苗成活率在 75%左右、80 条/kg 开始收虾，存塘量在 2 800 kg 左右（可以根据总投料量和投料表来估算存塘量），第一次收虾 800 kg，使用拖网刮虾，下网位置达到虾塘的一半面积基本就够了，拖网后要立即装好增氧机，并打开增氧机；地笼装虾需要 13 条地笼（10 m 长左右），地笼主要在投料区域安放，关闭投料区旁边的增氧机，两人放地笼，一人在放好地笼的位置撒少量饲料，放完所有地笼等待 15 min 开始从最先放的地笼收虾，一般每条地笼有 60～70 kg 虾，收完所有的地笼后要立即打开增氧机。收起来的虾如果超过收购商的需求量，不能再放回原塘，这样会影响原塘存留的虾，造成病害，因此收虾时要与收购商沟通好。

收虾后的处理：收虾后 2 h，水体使用蛋氨酸碘（有利于拖网刮虾后存塘的对虾伤口愈合）50 mL 防止受伤的对虾感染，当天停料，第二天可以开始喂料，投料量根据虾塘存塘量和料台摄食时间来确定。

（七）老水养虾

很多养殖户养完一造虾后为了赶时间不干塘晒塘（提高冬棚使用效率），直接放苗进行第二造的养殖，如果上一造对虾养殖比较成功，养殖过程中没出现病毒病、早期偷死综合征、肝肠孢虫，可以直接养第二造对虾。由于原塘还有少量大规格的对虾会摄食大量虾苗，放苗方式分为两种，一种是直接在原塘做水袋标苗，标苗方式与淡化标苗一样，一般虾苗体长达到平均 2.5 cm 就可以放入大塘；另一种方式是直接在另一外一个新塘标苗到体长 7 cm 时，装笼过苗到老塘，虾苗太小装笼难度很大，很难装到虾，如果要在体长 5 cm 时过塘，只能使用拖网刮虾。

（1）老塘水质处理 一般收完虾后，塘里存留的有机物较多，因此要进行水质处理。首先原塘水可以排掉 30%的老水，再补充 30%的新鲜水；使用

EM 菌液每亩 1 L，每 3 d 使用 1 次，连用 3 次，让水体变得干净、清爽；使用白云石粉每亩 40 kg，每 3 d 1 次，连用 3 次，调节水体的总碱度；使用多矿每亩 2 kg，每 3 d 1 次，连用 3 次，调节水体的微量元素。一般水质处理时间是 10 d 左右，处理好后就可以移苗到塘进行对虾养殖。

（2）增氧机管理 收完虾后不能关掉所有的增氧机，这样老塘水就容易变成一塘死水，应该保持 1/3 的增氧机常开，水质处理过程中保持 1/2 的增氧机常开。

（3）虾苗转塘 成功的虾苗转塘与水温直接相关，一般水温在 24～30 ℃可以进行虾苗转塘，水温过高或过低都不适宜虾苗转塘，夏季选择在 8:00 前或 19:00 后进行虾苗转塘，春秋季节选择在白天进行虾苗转塘，冬季选择在 15:00—18:00 进行虾苗转塘，大雨时不宜进行虾苗转塘。要过苗的母塘，过苗前 5 d 进行大换水，以锻炼虾苗适应新水的能力，第一次换水 30%左右，第二次换水 50%左右，换水过程非常关键，直接关系到转塘的虾苗养殖成功率，转塘前3 d停止换水。转塘前 1 d 停料，使用维生素 C 粉每亩 0.5 kg 提高虾苗的抗应激能力，使用多矿每亩 1 kg 提高虾苗的硬壳程度。体长 5 cm 的虾苗转塘时必须带水转运，一般按照 0.5 kg 虾：1.5 kg 水的比例进行，如果距离较远超过 1 km，就必须加纯氧设备进行增氧；体长 7 cm 的虾苗转塘时，只能近距离转塘，最好不要超过 200 m，直接装虾转塘即可，每次装虾时每个工具重量不要超过 10 kg。虾苗转塘要快速有序，提前做好各项准备工作。

（何有根　编写）

三、罗氏沼虾绿色生态养殖模式技术

罗氏沼虾具有生长快、个体大、肉味美、易驯养及生长周期短等特点，是全国各地大力推广的养殖品种之一。随着绿色消费观念的深入人心，人们开始青睐于绿色、纯天然食品，从而推动了绿色产业的发展。在此，本部分将罗氏沼虾搭配轮叶黑藻的绿色生态养殖模式推荐给广大养殖户。

（一）罗氏沼虾绿色生态养殖模式起源

珠江三角洲（以下简称珠三角）地区有一句流传深广的养虾秘诀“养虾先养水、养水先养茜”，这是当地一代代养虾人的智慧结晶。因罗氏沼虾领地意识强烈，喜欢栖息于具有遮蔽物的水体中，珠三角地区特别是肇庆高要地区通过不断地尝试和改良，养殖户在池塘中修筑“十”字形的水下长城，通过投放杂物，种植水浮莲、蕹菜等方式来探索合适的养殖模式。经过多年摸索，养殖户发现在罗氏沼虾养殖池塘中种植轮叶黑藻是一种不错的绿色生态养殖方式，不仅践行了国家绿色发展观，而且也满足了消费者的消费需求。

（二）轮叶黑藻的特性及优劣

轮叶黑藻被珠三角地区的人们称为茜草，净水能力强，分枝较多；可在水温15 ℃开始萌芽，温度越高生长越旺盛，在珠三角地区未见休眠现象。在池塘中种植此草大大促进了罗氏沼虾的养殖效益（图 2－1）。

图 2－1　罗氏沼虾绿色生态养殖模式

1. 种植水草的优点

（1）增加池塘空间容纳量　罗氏沼虾属于底栖动物，无法长期悬浮于水层中。轮叶黑藻生长起来后，罗氏沼虾可以在草间生活，形成水中立体养殖，增加了池塘养殖空间。

(2) 净化水质、提供溶氧 在罗氏沼虾养殖过程中，随着投喂量的增加，水质也逐渐出现恶化现象。大面积的水草可以快速吸收和分解水体中的亚硝酸盐、氨氮、硫化物等有害物质，通过光合作用，提高了池塘中水体的溶解氧，抑制了有害藻类的生长，降低了养殖风险。

(3) 水质稳定、提供植物性饵料 因水体中小型藻生长周期短，易发生大规模死亡、转藻或大量繁殖，水质变化频繁。而轮叶黑藻生长周期长，水质相对稳定，能减少对罗氏沼虾的刺激，可以预防水质剧变。另外，水草嫩叶也可供罗氏沼虾食用，降低了饲料成本。

(4) 减少残食、提高成活率 因罗氏沼虾具有互相自残现象，而变态后脱壳的虾不具备自我防护能力，易被正常的虾残食。茂密的水草为脆弱或脱壳的虾提供了较好的庇护和遮挡场所，大大减少了伤残的可能性，从而提高了养殖的成活率。

2. 种植水草的缺点

水草茂盛会使 pH 长期超标，虽对成虾（体重 20 g 以上）的影响不大，但却对虾苗成活率的影响较大。水草在夜晚耗氧大，晚上需注意开足增氧机。水草种植和割草等工作量会耗费一定的人力和物力；另外，出虾时，池塘的水草会对刮网造成影响。

(三) 养殖实施方案

1. 清塘消毒

前期塘底消毒两次，先用生石灰水每亩 75 kg 泼洒塘底，水体消毒每亩 25 kg，然后再用茶籽饼杀死野杂鱼或敌害昆虫。塘底消毒后，晒塘，直至出现塘底裂缝。

2. 种草

放养前 10～15 d，翻耕塘底进水 30 cm 左右，开始种植水草。在塘底挖一个小坑种草，株间距 2 m 左右。为方便日后投料和行船，每隔一段距离加大株距，把全塘划分成多个区域。夏造虾一般清明节前后种草，冬造虾一般中秋节前后种草。水位不宜超过 40 cm，以免影响水草生长，水草长出水面后，水位应逐渐加高；若遇到雨水天气，水位过高需抽出。

3. 放苗

罗氏沼虾生存水温为 18～34 ℃，放苗时应密切注意气候动向，5 月下旬放养能获得理想的产量，总的要求是池塘水温稳定在 20 ℃以上为宜。放苗前，使用有机酸类解毒和泼洒抗应激调水产品，接着要试水，试水成功后即可放苗，放苗密度为每亩 2.5 万～4 万尾，苗种尽量是品牌苗、规格一致、体质健壮。

4. 日常管理

(1) 投饵 罗氏沼虾属于杂食性虾类，自放养之日起就要投饵。刚放入池塘的幼苗按照日投喂每万尾 0.13 kg，上午和傍晚各投喂一次。1 个月后逐渐加到每日每万尾 1 kg 进行投喂。因水草阻隔，吃料偏慢，及时观察料台饵料残留情况。养殖前期使用高蛋白质配方的饲料，保障营养水平，中期使用乳酸菌和活性酵母拌料，补充钙质，促进虾壳硬化，提高抗应激能力。

(2) 增氧 因中后期水草生长旺盛，可用叶轮式增氧机进行增氧，配置密度为每亩 0.5 kW。因水草茂密，建议塘底配置微孔增氧，可以实现增氧均匀。

(3) 水草管理 前期由于毛蠓幼虫较多，要及时杀虫，避免其吃光水草嫩芽。后期塘底肥力过低，水草生长缓慢，可适当施肥，但不宜过多，以免小型藻大量繁殖影响水草光合作用。同时，养殖后期注意池塘改底，减少水草烂根、黑茎等情况。后期若水草过旺，可适当部分割草。

(4) 其他 平时坚持巡塘，搞好水质管理，定期进行池塘药物消毒，仔细观察池塘水质、水温和虾的活动情况，做好防病、防逃等，并记录好养殖日志。

(四) 收效分析

据在广东肇庆莲塘调研的结果，罗氏沼虾在绿色生态养殖模式下，亩产 150～200 kg 的约为 50%，亩产 200～300 kg 约为 25%，亩产 300 kg 以上的约为 15%。而养殖效益，亩利润在 2 000～4 000 元的约占 30%，亩利润在4 000 元以上的约占 20%；养殖冬棚虾亩利润在 4 000～6 000 元的约占 30%，亩利润在 6 000 元以上的约占 20%。养殖冬棚虾的经济效益较好，当地 60%以上的养殖户养殖冬棚虾。

对罗氏沼虾不种水草（2 个案例）和种水草（1 个案例）两种养殖模式的水质监测结果（表 2－1）分析发现，种水草养殖模式溶解氧含量高于不种水草养殖模式，而氨氮、亚硝酸盐水平低于不种水草养殖模式，这些水质参数均有利于罗氏沼虾的健康养殖。在两种养殖模式的对比中，发现种草养殖模式下的 pH 和余氯虽然都在可控的范围内，但相对高于不种水草的养殖模式，究其原因，推测因池塘中水草旺盛，会产生水草腐烂现象，因未能及时清理，可能会造成余氯或 pH 的变化。

表 2-1　不同养殖模式下水质监测结果

检测项目	不种水草养殖模式（案例 1：珠海斗门）	不种水草养殖模式（案例 2：珠海斗门）	种水草养殖模式（案例 3：肇庆莲塘）	情况分析
氨氮（mg/L）	4.13	1.45	1.14	↓
亚硝酸盐（mg/L）	0.324	0.095	0.03	↓
pH	8.05	7.63	8.60	↑
硫化物（mg/L）	0	0	0	
溶解氧（mg/L）	5.02	5.45	6.22	↑
余氯（mg/L）	0.006	0.007	0.014	↑
总碱度（mg/L）	179	116	169	

（于凌云　朱新平　黄国亮　编写）

四、中华鳖养殖技术

中华鳖又称甲鱼、水鱼、团鱼，是我国重要的名特优养殖品种，年产量达30万t以上。4—5月是亲鳖冬眠复苏及苗种生产的重要时期，本部分总结了中华鳖生产过程中的主要技术，为广大养殖户及苗种生产企业复工、复产提供参考。

（一）亲鳖培育

1. 亲鳖的选择

亲鳖形态应符合中华鳖的分类特征。外形完整，无伤残，无畸变，体色正常，皮肤光亮，裙边肥厚有弹性。体重1～3 kg，体质健壮，无病。亲鳖的繁殖年龄应达到或超过3冬龄，母本使用年限应不超过8年，父本应不超过5年。

2. 日常管理

（1）环境条件 水源清洁无污染，水质应符合《无公害食品　淡水养殖用水水质》（NY 5051—2001）的规定。亲鳖池面积1～5亩，水深2.0～2.5 m。池底平坦，底泥厚度小于15 cm，不渗水，进排水方便。池堤坡度约30°，四周筑高60 cm的隔离墙，池水边每隔5 m设一食台。沿一边池堤靠隔离墙铺设宽50～60 cm、厚25～30 cm的沙带，用作产卵床，沙带上方搭棚架，向墙外倾斜。

（2）放养密度 每亩水面放养亲鳖50～100只，雌雄亲鳖比例为（6～8）∶1。

（3）亲鳖生产管理 以投喂人工配合饲料为主，饲料质量应符合《无公害食品　渔用配合饲料安全限量》（NY 5072—2002）的要求。水温至22 ℃以上开始试投，水温至25～30 ℃时，每天早、晚各投1次。投喂量以干料计为鳖重的2%～3%，并根据天气、水温等情况适量调整。坚持早晚巡塘1次，观察亲鳖活动、摄食和水质变化情况。

（二）繁殖

1. 亲鳖交配与产卵

亲鳖通常在前一年秋天和当年春季自然交配，清明节前后雌鳖开始产卵，5—7月为产卵高峰期。雌鳖通常在夜间产卵，卵产于产卵床上距沙面5～20 cm深处，每窝卵5～20粒。

2. 收卵

每天早上巡视产卵床，根据鳖爬行的足迹及沙堆翻动的痕迹，寻找卵窝位置，插好牌签，做好记录。亲鳖产卵12 h后，应组织专人对受精卵进行收集和筛选。选择卵壳略显粉红色，外观浑圆饱满，动物极白斑边缘平滑、区界清晰，且体重大于5 g的受精卵进行孵化。

3. 孵化

孵化设施包括孵化房和孵化箱。孵化房为砖石结构温室，内配控温及换气设备，能保持室温处于30～32 ℃，相对湿度85%，并可及时排换室内空气。孵化箱为木板钉制，规格为90 cm×60 cm×20 cm，箱底有通气孔，箱面一端为一宽20 cm、深8 cm的纳苗口，放入受精卵后，纳苗口下方放一面盆，内盛水3～5 cm深，用于纳苗。

将经过鉴别的受精卵动物极向上，分层成排整齐地埋在含水量适当的孵化箱沙层之中。每千克孵化用沙喷水60 mL，每箱放卵1 500粒。室温控制在(30±2)℃，45～49 d可完成孵化。

（三）稚鳖培育

稚鳖培育是指将体重3～5 g的初孵稚鳖培育至体重50 g左右幼鳖的过程。稚鳖培育通常分为两个阶段，前期在便于生产操作的水泥池中进行，后期在更有利于稚鳖生长的土塘中进行。

1. 稚鳖放养前的准备

(1) 稚鳖池的消毒及水质调理 放养前4～5 d，用生石灰浸水化浆(200 mg/L)，均匀泼洒池底、池壁，经12 h后冲洗干净，后注入新水60～

70 cm，使用原则应符合《绿色食品　肥料使用准则》（NY/T 394—2013）的规定。池水用 1～2 g/m^3 漂白粉消毒。新建水泥池用清水浸泡 10～15 d，再放水。放水后每口池放入 15～25 kg 白花蛇舌草浸泡，培肥水质，白花蛇舌草放入稚鳖池5～6 d，待枝叶腐烂后即可捞出。水体培肥要求达到以下理化指标：物理指标应满足水色嫩绿，透明度 30～35 cm；化学指标应满足 pH 7.0～8.5，有机物耗氧量 12～18 mg/L，氨态氮含量＜1.0 mg/L，亚硝酸盐氮含量＜0.1 mg/L，硫化氢含量＜0.2 mg/L。

（2）放置漂浮性水生植物　水葫芦或水浮莲经漂白粉 10 mg/L 或高锰酸钾 100 mg/L 消毒后转入稚鳖池内，数量以占水面积的 1/5 为宜。用细竹棍固定供稚鳖攀附，为稚鳖提供遮阳和晒背的空间。

2. 稚鳖放养

（1）稚鳖质量要求　无伤病，无残次、畸形，有活力的稚鳖，同一池的稚鳖要求规格整齐，初孵稚鳖体重一般为 2.5～5 g，分三级放养，2.5～3 g 为一规格，3～5 g 为一规格，5 g 以上为一规格。

（2）放养方法　将刚出壳的稚鳖放入红胶盆内暂养，约 10 h，稚鳖胚外组织（浆膜、脐带）自然脱落，卵黄吸收干净，经 20 mg/L 高锰酸钾溶液浸浴 20 min 后转移至稚鳖池，缓缓把盆倾斜，让鳖自行爬出。

（3）放养密度　每平方米水面放养 80～100 只。

3. 稚鳖投饲

（1）饲料组成　稚鳖开口配合饲料应符合《无公害食品　渔用配合饲料安全限量》（NY 5072—2002）的规定，投喂配合饲料，同时应辅以鲜嫩干净的蔬菜叶汁，占稚鳖每餐喂量的 5%，以及符合《花生油》（GB/T 1534—2017）规定的纯净花生油，占稚鳖每餐喂量的 1%。

（2）投饲量　日投饵料（干重）应为投放稚鳖总重的 1%左右，同时需根据天气变化及摄食情况进行适当增减，一般以 2 h 内吃完、不剩料为宜。

（3）投饲方法　将饲料捏成圆饵状，距离均匀地放到食台中间位置，饲料要避免被水浸泡，每日投饲量分两次投喂，7:00—8:00 一次，16:00—17:00 一次。

4. 日常管理

（1）巡池　坚持早、晚巡池检查，每天投饲前检查防逃设施，收捡逃到排水沟的稚鳖；随时掌握稚鳖的摄食情况，以调节每日投饲量；勤除杂草污物，清洁周围环境卫生；做好防鼠、灭鼠工作。

（2）食台的清洁 食台要求每隔 3～5 d 用 10 mg/L 漂白粉或 100 mg/L 石灰水溶液泼洒消毒，消毒后用清水将食台清洗干净。

（3）水质管理 养殖水体水质应符合《无公害食品 淡水养殖用水水质》（NY 5051—2001）的规定。水色保持油绿色或茶褐色，透明度在 25～35 cm；使用生石灰调节水体 pH；每隔 3～5 d 换水一次，换水时尽量清除池中的残渣污物，每次换水量为水体总量的 1/4～1/3。

5. 稚鳖分级转池

稚鳖每经 15～20 d 培育即可进行一次分级转池，将规格相同的稚鳖放在同一池中，有利于摄食和生长。

（1）排水捉苗 在培育池排水口处安装好防逃网，合理协调池水深度，从池底较高处开始捉苗。相同规格的稚鳖放入同一盛苗箱，盛苗箱内水深应大于 5 cm，每箱装苗量以稚鳖排满箱底为准。

（2）鳖体消毒 盛苗箱装满一箱立即进行清洗消毒。用 30 mg/L 的高锰酸钾浸洗 10 min，后将分级后的稚鳖分别转入相应培育池继续饲养。

稚鳖体重大于 30 g 即可从水泥池出池，分规格转入土池，进入稚鳖培育的第二阶段。

（四）商品鳖养殖

商品鳖养殖是将越冬之后的幼鳖培育至达到商品规格成鳖的过程。成鳖养殖通常在室外大水面土塘中进行。

1. 放养前的准备

池塘清理和培水过程同稚鳖培育。

2. 放养

（1）放养规格 放养个体规格要求大于 100 g，同塘规格尽量一致。

（2）放养密度 每平方米水面放养 2～3 只。

（3）放养时间及方法 放养时间宜选择在晴天上午，将经消毒处理的幼鳖连盆移至成鳖池中，缓缓把盆倾斜，让鳖自行爬出。

3. 成鳖投饲

（1）饲料组成 符合《无公害食品 渔用饲合饲料安全限量》（NY 5072—2002）和《中华鳖配合饲料》（SC/T 1047—2001）规定的幼鳖、成鳖配合饲料；新鲜的蔬菜、瓜果、甘薯叶等植物性饲料；新鲜无污染的鱼、虾、贝、蚯蚓等动物性饲料；食用花生油。配合饲料通常占投饲量的88%～92%，植物性饲料占8%～12%，另加入1%～1.5%的花生油，搅拌混合均匀，捏成团状；有鲜活动物性饲料时，动物性饲料占投饲量的20%，并相应减少配合饲料量。

（2）投饲量 日投饲量（干重）在前期（体重< 300 g）为鳖总重的3%～4%，后期为2%～3%，并根据天气变化及摄食情况适当增减，每次投饲量以2 h内能吃完为宜。

（3）投饲方法 将饲料团均匀投放在饲料台上距水面3～8 cm处。水温25～30 ℃时，每日投喂两次，一般为9:00前和16:00后，夏季高温阶段分别为8:00前和17:00后；水温20～25 ℃时，每日投喂一次；水温18～20 ℃时，每2 d在午后投喂一次；遇大风大雨或水温低于18 ℃则停喂。

（4）饲料转换 中华鳖对转换饲料敏感，在由幼鳖饲料向成鳖饲料转换时，为防止中华鳖出现挑食、拒食现象，要在原饲料的基础上逐步增加新饲料比例。完成此过程一般需7 d时间。

4. 日常管理

（1）巡塘 按《无公害食品 中华鳖养殖技术规范》（NY/T 5067—2002）的4.4.2.1规定执行。

（2）水质条件 按《无公害食品 中华鳖养殖技术规范》（NY/T 5067—2002）的5.3.2.2规定执行。

（五）病害防控

2020年春季，受连续阴雨天气及频繁冷空气侵袭的影响，春寒问题较往年严重。气温波动较大，对于亲鳖的冬眠复苏及正常产卵有较强的刺激作用，所以在复工、复产的过程中尤其要注意防控大规模应激性病害暴发，并做好2020年亲鳖产量减产的充分预案。

在养殖中，应注意防控稚、幼鳖培育阶段危害性较大的白斑病和白点病，以及成鳖饲养阶段危害性较大的细菌性肠炎、红底板症和白底板症等疾病。一旦发现病鳖，要及时隔离饲养，并施加药物进行治疗。中华鳖常见的病害及防治方法见表 2－2。

表 2－2　中华鳖常见病害及其防治方法

阶段	主要病害	预防方法	治疗方法
稚、幼鳖培育阶段	白斑病	做好培水，使池水水色稳定，呈嫩绿色或黄褐色	按照 NY 5071—2002 规定，使用三氯异氰脲酸全池泼洒
	白点病	按照《无公害食品　渔用药物使用准则》（NY 5071—2002）规定，使用生石灰、漂白粉、二氧化氯、二溴海因全池泼洒。使用黄芩、黄柏拌料投喂	施用 NY 5071—2002 规定的杀菌药物
成鳖饲养阶段	细菌性肠炎	按照 NY 5071—2002 规定，使用生石灰、漂白粉、二氧化氯、二氯海因全池泼洒。使用穿心莲、大黄、黄芩、黄柏拌料投喂	施用 NY 5071—2002 规定的杀菌药物
	红底板症、白底板症	按照 NY 5071—2002 规定，使用二溴海因、季铵盐络合碘全池泼洒	使用黄连、板蓝根、丹参、肌苷等片剂组方拌料投喂

2020 年春季复工、复产同时应做好生态防控。在鳖池中放入经 10 mg/L 漂白粉或 100 mg/L 高锰酸钾溶液浸洗消毒过的漂浮性水生植物，如水浮莲、水花生等，在供鳖攀附、栖息的同时，可以起到净化水质的作用，漂浮性水生植物覆盖面积约为鳖池水体面积的 1/5。商品鳖的养殖土塘中可适量放养鲢、鳙，以控制水中浮游生物数量，并放养一定量的鲫，以控制池底有机物含量。每亩水面放养 6～10 cm 规格的鲢 100～300 尾、20～25 cm 规格的鳙 30～50 尾、5～8 cm 规格的鲫 300～500 尾，并根据实际情况适当增减。同时，在养殖过程中应经常施用微生物制剂对水质进行调节。

（陈辰　黄启成　编写）

五、春夏之交观赏鱼生产及养殖技术

当前的“天时”主要有两个特征：一是季节转换，养殖业从越冬期进入生产旺季；二是新型冠状病毒肺炎疫情使很多工作进入冬眠期，目前冬眠期正在趋于结束，复工复产加紧进行。

在这个特殊时期，观赏鱼产业的不同领域面临着不同的工作内容和困难，在此提供一些应对策略供观赏鱼生产经营者参考。

（一）热带鱼生产领域

在珠三角地区，春夏之交是热带观赏鱼结束越冬、转入夏季管理模式的关键阶段，此时的主要工作是清整室外的池塘、水泥池，准备生产设施设备，将一部分热带鱼移至室外养殖。

在广东省，热带鱼越冬和结束越冬进入夏季管理主要有两种情况，各自有不同的技术要求，分述如下。

1. 温棚越冬

广东的越冬温棚一般是钢架支撑，温棚四周用塑料薄膜覆盖，水泥池养鱼，配备加温锅炉，锅炉通过循环管道输送热水，将热水中的热能传导给养鱼池和蓄水池，以此提高水温。

越冬结束前 10 d 左右，先停止对养鱼池加热，蓄水池水温加热到与养鱼池一样或高 1～2 ℃，保持对水温的监测，如养鱼池最低水温不能保持 25 ℃以上，则适当恢复对养鱼池加热，几天后再次尝试停止养鱼池加热的做法，直至养鱼池最低水温高于 25 ℃，正式停止对养鱼池加热。然后停止对蓄水池加热，检测新水加入后 24 h 的水温，如能达到 23 ℃以上，可停止蓄水池加热，否则继续，数日后再重复尝试，直至达到要求为止。

停止加温后，晴天如果棚内气温超过 40 ℃，可将棚四周的塑料薄膜向上卷起，让温棚通风，夜间将塑料薄膜放下来，外界气温上升到夜间最低气温超过 20 ℃时，四周的塑料薄膜不再放下来。5 月中下旬，棚顶覆盖遮阳网。

有一种越冬温棚里面的养鱼池是土池，水体面积比较大，也比较深，一般这种温棚养殖的热带鱼都是比较能承受低温的种类，这种温棚揭开就是土塘，越冬结束前的操作更简单。当池塘水温保持在 23 ℃以上时停止加温，棚内白天气温超过 40 ℃，可将棚四周的塑料薄膜向上卷起，夜间将塑料薄膜放下来，外界气温上升到夜间最低气温超过 20 ℃时，四周的塑料薄膜不再放下来。

2. 温室越冬

热带鱼温室不同于温棚，温室的保温性能好，但是一般不能直接利用阳光加温；温室内的养鱼设施是鱼缸或鱼池，或二者兼有。温室内有一部分鱼是常年养在温室内的，另有一部分鱼是越冬后移出到室外的。

天气回暖后温室减少加温时间，维持养殖水水温恒定，蓄水池加温到与养殖水一致。室外气温不低于养殖水水温时，白天开窗开门通风，夜间关闭门窗，待不需加温也能保持水温不低于 25 ℃时，停止加温。室外夜间最低气温不低于 23 ℃时，无须关闭门窗，待水温稍稍下降，同时对室外养殖池进行清理、消毒、蓄水，待室外鱼池底层水温比温室内养殖池水温低 2 ℃以内时，选择晴天的午后将需要在室外养殖的鱼从温室中迁出，放入室外鱼池。

如室外鱼池与室内养殖水水源不同，水质有差异，鱼搬出时需缓慢兑水，使鱼慢慢适应新水体的水质，兑水过程应不小于 1 h。

就热带观赏鱼越冬而言，2020 年面临的困难是：工人返岗复工推迟，越冬管理工作受劳动力缺乏的影响，水质管理、水温管理、饲养管理方面可能做得不到位，越冬的热带鱼体弱、易病；鲜活饲料未恢复供应，肉食性鱼类面临断粮危险；劳动力不足，室外养殖条件难以充分准备。

在热带鱼生产方面，建议的应对策略是：①调整饲养方法，增加饲料的维生素矿物质含量，减少日粮数量，减轻水质恶化的压力；②尽可能增加换水率，改善水质；③加强对鱼的驯化，把吃冰鲜鱼肉的鱼驯化为吃颗粒饲料，把吃活鱼的鱼驯化为吃冰鲜；④尽量自己培育活饵料，可自己培育大麦虫等，购买成熟的普通鲤、锦鲤、鲫、低档金鱼等孵化培育鱼苗供给只吃活鱼的特殊观赏鱼。

（二）热带鱼繁殖育苗

热带鱼在我国的繁殖也有季节性，一般也是春夏两季为繁殖高峰。不同的热带鱼繁殖季节的开始有早有晚，有些种类目前已经开始了繁殖，有些还没开始，有些种类一年四季都在繁殖。在当前条件下，亲鱼的冬季培育比往年稍差，劳动力尚未完全到位，活饵料的供应还未恢复到正常水平，因此建议这段时间加强亲鱼培育，增加亲鱼蛋白质、维生素和矿物质的摄入，稍稍推迟繁殖开始的时间。一旦劳动力全面到位，应迅速启动热带鱼繁殖育苗工作，为保障鱼苗培育成活率，在活饵料供应方面，应设法建立自己的活饵料培育系统，提高活饵料供应保障水平。

（三）锦鲤和金鱼的生产

在广东，金鱼和锦鲤冬季都不需要进温室。3 月中旬的生产活动是繁殖育苗或准备繁殖。珠三角地区一般立春过后就开始进行金鱼繁殖，有的渔场开始得早，有的渔场开始得晚，有的渔场养殖的品种多，繁殖季节持续三四个月，有的渔场繁殖季节持续时间短而集中，繁殖策略的选择主要取决于品种的多寡、生产设施及人员是否足备。锦鲤的繁殖时间一般比金鱼稍晚一点，因为锦鲤繁殖的水温要比金鱼高 1～2 ℃，但是也有刚立春就开始繁殖的。

就金鱼而言，2—3 月是繁殖主要季节，进入 4 月后多数雌鱼卵巢过熟，有些已经流产，故应在 4 月之前完成人工繁殖工作，如当时劳动力缺乏，可采取少批次、每批次大数量的繁殖方式。另外，孵化应尽量在温棚内或相对保温的场所进行，减少因此季节气温骤变造成的霉卵、僵苗情况。

就锦鲤而言，繁殖季节比金鱼稍晚，延续时间更长，常规年份从 3 月延续到 5 月。繁殖育苗是劳动密度最大的季节，如果工人尚未全部返岗，应适当推迟人工繁殖时间。另外，2020 年气温回暖的速度稍晚于常年，天气常有反复，应适当推迟繁殖时间，3 月下旬至 4 月中旬择晴好天气，较短时间内集中繁殖较好。

（四）进口鱼苗的标粗培育

我国热带观赏鱼主要来自南美洲和东南亚两地，目前东南亚旱季将尽而雨季将临，野生鱼的鱼苗供应还未开始，但是人工繁殖的鱼苗仍能持续供应；南美洲雨季将尽而旱季将临，野生鱼苗供应将近尾声。东南亚各产地到我国均有直航航班，受疫情影响班次减少，人工繁殖的鱼苗仍可供应；而南美洲的鱼苗一般经美国转运，目前受疫情的影响，美国转运极为不便，当季的鱼苗供应可能难以满足生产需要。

这次疫情给观赏鱼生产者特别是野生鱼苗生产经营者敲响了警钟，野生鱼苗的贸易不仅仅受国际流行疫病的影响，疫情解除后野生鱼苗生产也越来越难做。世界各国越来越重视自然资源的保护，许多野生观赏鱼出产国近年来屡有限制野生鱼类捕捞和出口的法规出台，野生观赏鱼的贸易将受到越来越大的制约，将来市场上的观赏鱼一定是人工繁殖的占统治地位，应早做打算，尽早走上人工繁殖观赏鱼的道路。

（汪学杰　编写）

03

第三篇　病害防控与污染事故预防技术

一、大宗淡水鱼细菌性败血症防控技术

（一）病原

细菌性败血症主要是由嗜水气单胞菌、维氏气单胞菌等气单胞菌引起的疾病。气单胞菌是一类革兰氏阴性菌，广泛存在于土壤、淡水、海水等环境中，是一种人、畜、鱼共患的条件致病菌，能造成养殖鱼类巨大的经济损失。

（二）流行特点

主要危害草鱼、鲢、鳙、鲤、鲫、鲂、鲮、鳜等多种淡水养殖品种，鱼种和成鱼均可发病，对养殖业危害甚大；在华南地区一年四季皆可流行，流行水温 8～36 ℃，以 25～32 ℃为高峰，每年 6—10 月更易暴发。池塘、网箱、水库、湖泊中均有发生。

（三）临床症状

主要症状是身体的大部分或全身性充血、出血（图 3－1）。发病初期，病鱼食欲减退、厌食等，上下颌、口腔、鳃盖、体侧和鳍条基部轻度充血，肠内有少量食物。严重的病鱼体表充血严重甚至出血，眼眶周围发红充血，肌肉充血呈红色；鳃片发红，黏液较多，部分鱼鳃器官色浅，呈贫血症状；肛门红肿。解剖病鱼样本：腹腔内有淡黄色透明或血红色混混的腹水，肠系膜及肠管充血发红，空肠或肠内充气且有大量黏液；肝脏色泽不均，质地疏松呈豆渣状，血色较淡。

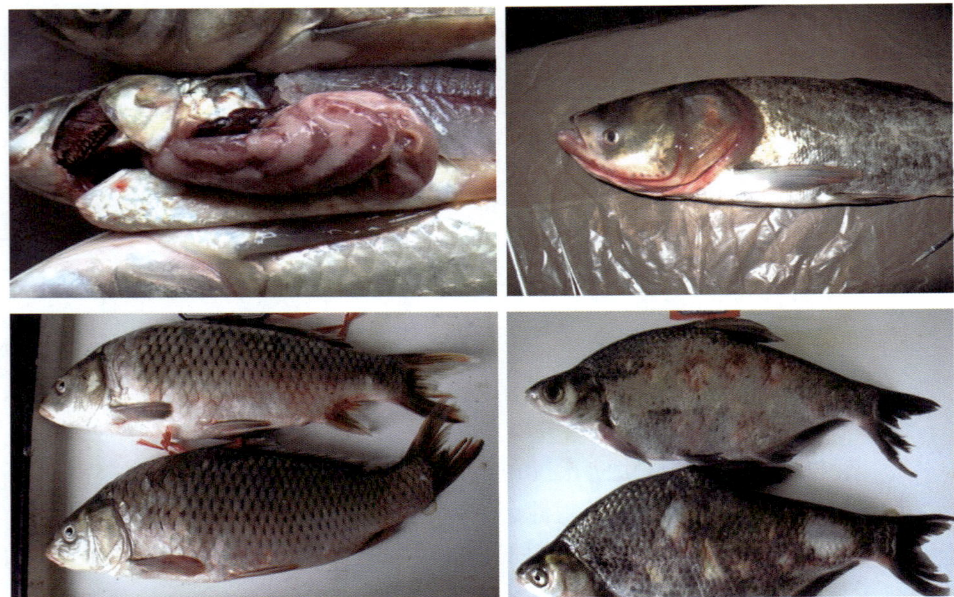

图 3-1　细菌性败血症

（四）防控措施

1. 预防措施

（1）清塘　苗种放养前清塘，清除过多淤泥，杀灭病原菌等。

（2）苗种　选择优质苗种提高成活率，运输过程中尽量减少机械损伤和应激。做好放苗前的准备工作：苗种消毒，池塘水质的培育、解毒、抗应激。

（3）科学投喂　早喂好、中喂饱、晚喂少，尤其草鱼总体掌握在八成饱即可。科学合理控制人工配合饲料的投喂量，不可一味追求生长速度而过量投喂人工配合饲料。定期内服多糖类免疫增强剂如乳酸菌、渔用复合维生素等提高其免疫力及抗应激能力。

（4）水质管理　养殖前期以调水为主，视水质变化情况施用枯草芽孢杆菌等微生态制剂；养殖后期则要加强底质改良，使用过硫酸氢钾复合盐、高铁酸钾等化学底改制剂配 EM 菌、乳酸菌等微生态制剂或用增氧改善池底通气条件，加速有机物的分解，减少氨氮与亚硝酸盐的生成和积累，可收到良好的防病效果。

（5）浸泡或注射接种气单胞菌灭活疫苗　疫苗要选择正规厂家生产的、质量有保障的产品。免疫接种时间选择在水温为 8～15 ℃的冬春季节，这样既有利于操作，又有利于预防继发水霉病。已感染患病的鱼种不能进行免疫。

2. 治疗措施

（1）养殖水体消毒 采用生石灰（25～30 g/m^3，但水体 pH 如超过8.5 时禁用）、漂白粉（1.0 g/m^3）、三氯异氰脲酸（0.3～0.4 g/m^3）、溴氯海因（0.03～0.04 g/m^3，以溴氯海因计）等水体消毒剂全池泼洒。任选一种水体消毒剂即可，可有效杀灭病原菌，以全池泼洒生石灰效果显著。针对大水面养殖草鱼，在草鱼密集浅水区或投饵区域采用挂篓挂袋方式给药。

（2）内服药拌饲料投喂 内服药物为恩诺沙星、氟苯尼考，任选一种即可。参考国家标准中的药物使用剂量。内服药物时，可以适当添加渔用复合维生素，增强鱼体的抗病力。如每千克饲料加入恩诺沙星或氟苯尼考 3 g、三黄粉 4 g、维生素 K_3 2 g，连续饲喂 3～5 d。

（石存斌 任燕 编写）

二、大宗淡水鱼锦鲤疱疹病毒病防控技术

（一）病原

锦鲤疱疹病毒病的病原为锦鲤疱疹病毒，是20世纪末被确定的一种鱼类疾病，目前已流行于世界各地，是严重威胁鲤和锦鲤养殖业安全的一种疾病。锦鲤疱疹病毒病是国际上最为重要的水生动物疫病之一，世界动物卫生组织和欧洲联盟法律将锦鲤疱疹病毒病列为必须申报的疾病，我国将其列为二类动物疫病。

（二）流行特点

锦鲤疱疹病毒具有高度传染性和致病性，毒性极强，但锦鲤疱疹病毒的宿主范围十分狭窄，仅感染锦鲤、鲤及其普通变种，以及与鲤种系相近的金鱼、鲢、青鱼、草鱼等，即使是在锦鲤疱疹病毒的适宜温度，长期与病鱼共养也不发病。该病主要受水温影响，多发于春秋季节。易发水温为18～28℃，23～28℃水温易暴发流行。

（三）临床症状

感染鱼典型临床症状是行动迟缓、食欲不振、平衡失调、体表多黏液、皮肤和鳍基部出现出血症状、眼球凹陷、鳃苍白或颜色不规则并伴有中度至严重的鳃坏死，感染后7～10 d开始出现死亡，2～3周后病死率可达100%。病鱼最明显的损伤是在鳃、肾脏、肝脏和脾脏（图3-2）。

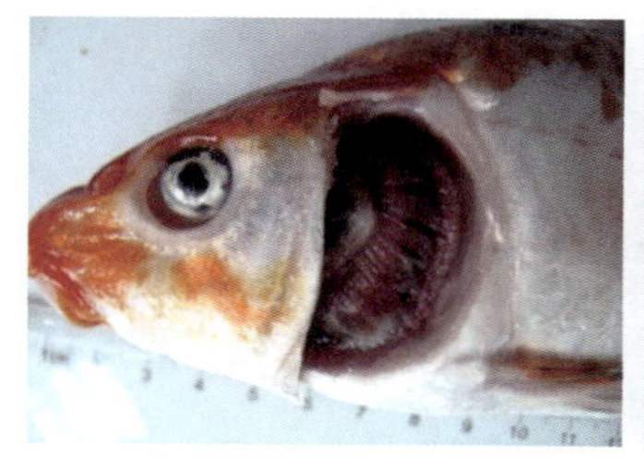
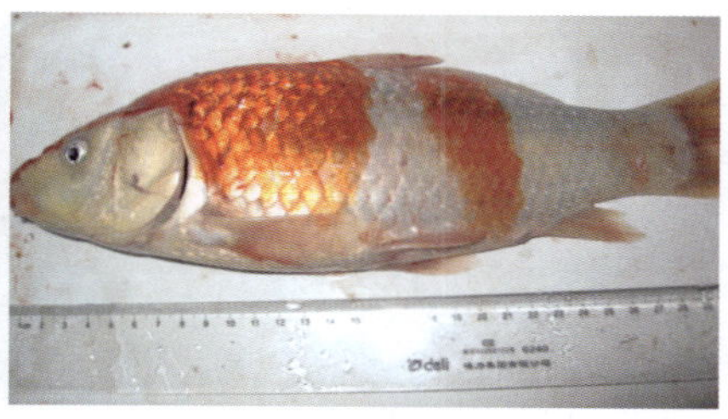

图 3－2 发病锦鲤

（四）防控措施

目前还没有治疗锦鲤疱疹病毒病的特效药物。

1. 控制措施

（1）当发现鱼池中出现发病征兆时，应及时采取措施，避免病情进一步扩展。如及时捞出发病和死亡鱼进行无害化处理，掩埋地点远离养殖用水，并使用生石灰等处理；切记要分开使用渔网等渔具。

（2）投饵做到定质、定量，并定期对饵料台消毒。

（3）向水中定期泼洒生石灰水、聚维酮碘等较为安全的消毒剂，进行消毒。

（4）取病鱼样品送相关实验室进行病原检测，确诊为锦鲤疱疹病毒阳性的养殖场点按国家相关规定进行隔离、扑杀等处置。

2. 预防措施

（1）育苗池在育苗前彻底洗刷，并用高浓度的漂白粉或高锰酸钾溶液消毒。

（2）实行苗种产地检疫，锦鲤亲鱼用于孵化产卵前、种苗在运输和放养前，送防疫监督机构取样抽检。其他预防措施包括对锦鲤苗种场、良种场实施防疫条件审核和苗种生产许可管理制度。

（3）加强疫病监测，对养殖场、个体养殖户养殖的锦鲤、鲤进行定期或不定期的病原监测，掌握流行病学情况，对监测结果及相关的信息进行风险分析，做好预警预报。

（4）养殖过程中采用黄芪多糖和大黄粉拌料投喂，增强鱼体自身免疫力。

（5）对于池塘、育苗室内的养殖水体，应增大换水量，定期利用芽孢杆菌和光合菌等改善水质，定期消毒，每月消毒 1 次。

（李莹莹　王庆　编写）

三、草鱼出血病防控技术

（一）病原

草鱼出血病的病原为草鱼呼肠孤病毒，是草鱼和青鱼的一种烈性、全身性病毒性传染病，在全国各地草鱼、青鱼养殖区域均有流行，我国于2008年将其列为二类动物疫病，其病原也是水产苗种产地检疫对象。

（二）流行特点

在自然情况下，养殖草鱼、青鱼都可发病，尤其是体长在5～25 cm的草鱼及青鱼，有时2龄以上的大草鱼也患病，多呈亚临床症状或症状不明显，但可携带病毒而成为传染源。每年4月下旬至9月下旬是该病的主要流行季节。

（三）临床症状

患病初期，鱼体色发黑，离群独游于水面上，反应迟钝，摄食减少或停止。按其症状表现和病理变化的差异，大致可分为三个类型，病鱼可以有其中一种或几种临床症状。

（1）红肌肉型（图3－3） 主要症状为肌肉明显出血，全身肌肉呈鲜红色，

图3－3 红肌肉型

鳃丝因严重出血而苍白，多见于体长 5～10 cm 的草鱼种。

（2）红鳍红鳃盖型（图 3-4） 主要症状为鳍基、鳃盖严重出血，头顶、口腔、眼眶等处有出血点，多见于体长在 10 cm 以上的草鱼种。

图 3-4 红鳍红鳃盖型

（3）肠炎型（图 3-5） 主要症状为肠道严重充血，肠道全部或局部呈鲜红色，内脏点状出血，体表亦可见到出血点，在各种规格的草鱼种中均可见到。

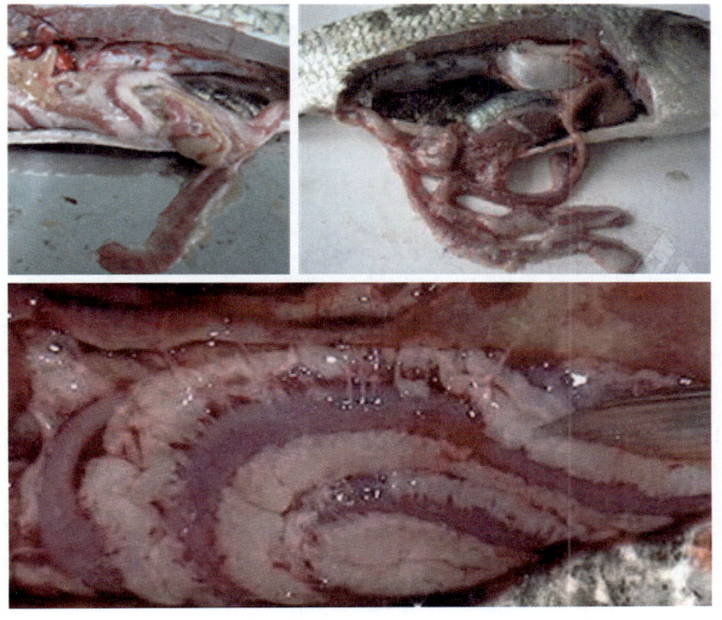

图 3-5 肠炎型草鱼出血病

（四）防控措施

目前还没有治疗草鱼出血病的特效药物。

1. 控制措施

（1）发现鱼有发病迹象和死鱼现象时，及时捞出发病和死亡鱼进行无害化处理，掩埋地点远离养殖用水，并使用生石灰等处理。

（2）减少喂料，甚至暂时停止喂料。

（3）全池泼洒二氧化氯、表面活性剂、碘制剂等消毒剂进行水体消毒，降低其他病原微生物继发感染风险。

（4）维生素C＋三黄粉＋黄芪多糖拌料投喂5～7 d，定期用乳酸菌＋芽孢杆菌拌料投喂或全池泼洒，降低鱼体应激和提高自身免疫力。

（5）注射由发病区域采集的病鱼制备的土法疫苗具有一定的治疗效果。

（6）取病鱼样品送相关实验室进行病原检测，确诊为草鱼呼肠病毒阳性的养殖场点按国家相关规定进行隔离、扑杀等处置。

2. 预防措施

（1）清塘消毒　清除池底过多淤泥，改善池塘养殖环境，并用生石灰水或漂白粉水泼洒消毒。

（2）加强水源管理和对生产设施的消毒　对繁殖用的亲鱼和鱼卵、引进的鱼苗用聚维酮碘溶液浸泡，减少病毒感染的概率。

（3）实行苗种产地检疫　草鱼亲鱼用于孵化产卵前、种苗在运输和放养前，送防疫监督机构取样抽检。其他预防措施包括对草鱼苗种场、良种场实施防疫条件审核和苗种生产许可管理制度。

（4）加强疫病监测　对养殖场、个体养殖户养殖的草鱼、青鱼进行定期或不定期的病原监测，掌握流行病学情况，对监测结果及相关的信息进行风险分析，做好预警预报。

（5）增强鱼体免疫力　养殖过程中采用黄芪多糖和大黄粉拌料投喂，增强鱼体自身免疫力。

（6）疫苗免疫　预防草鱼出血病最为有效的办法是通过肌内注射或者腹腔注射弱毒疫苗、组织浆疫苗或者细胞灭活疫苗。

（王庆　尹纪元　编写）

四、大口黑鲈鱼苗培育病害防治技术

大口黑鲈鱼苗培育阶段的主要病害包括病毒性疾病（弹状病毒病等）、细菌性疾病（细菌性肠炎、细菌性白皮等）和寄生虫疾病（车轮虫病、指环虫病等），目前针对以上病害主要采用“预防为主、防治并重”的措施。

（一）弹状病毒病

发病水温一般为 18～25 ℃，主要感染大口黑鲈幼鱼（2～6 cm）；病鱼的典型临床症状为昏睡、螺旋式或不规则的游泳、腹部肿胀，有的病鱼可见身体消瘦甚至出现弯曲；解剖发现鳃发白，肝脏肿大并可伴有出血点。

防治方法：一是彻底清塘消毒，消毒水源；二是购买优质苗种（亲鱼、苗种经病毒检测）；三是保持良好稳定的水质环境，减少应激反应；四是采用温和的消毒药物消毒，控制细菌继发感染；五是投喂中草药等免疫增强剂，增强鱼体抵抗力。

（二）细菌性肠炎

病鱼腹部膨大、肛门红肿，整个腹部至下颌部位呈暗红色，重症病鱼轻压腹部可见从肛门流出的淡黄色腹水。主要原因是投喂的饲料变质或不洁，所以呈急性发病，危害较大。

防治方法：一是杜绝投喂变质或不洁净的饲料；二是定期在饵料中添加大蒜素加以预防；三是发病时，用多西环素、硫酸新霉素等拌饲料投喂，连续饲喂 4～5 d，可收到良好效果。

（三）细菌性白皮

早春时流行，发病水温 20 ℃左右，主要感染大口黑鲈幼鱼（2～10 cm），传染性强，发病后病死率高。

防治方法：一是彻底清塘消毒，消毒水源；二是投喂优质饵料，提高鱼体抵抗力；三是保持良好稳定的水质环境和溶氧量；四是外用杀菌消毒药物（如三氯异氰尿酸、戊二醛+苯扎溴铵合剂等）；五是内服抗菌药物（硫酸新霉素、恩诺沙星等）。

（四）车轮虫病

主要寄生在鱼鳃，虫体大量繁殖时对鱼苗和鱼种危害很大，不及时治疗会造成大批死亡。

防治方法：一是鱼苗、鱼种放养前，用生石灰和漂白粉彻底消毒池塘；二是苗种放养前，用3%～5%的食盐水（100 kg 水加 3～5 kg 食盐）溶液浸泡5～10 min；三是定期泼洒硫酸锌粉，每立方米水体 0.2～0.3 g，每 15～20 d 1 次；四是全池泼洒硫酸铜和硫酸亚铁合剂（5∶2），每立方米水体 0.7 g；五是每亩每米水深用新鲜苦楝树叶 35 kg 煮水全池泼洒。

（五）指环虫病

主要寄生在鱼鳃，亦可寄生在体表，取鱼鳃或体表黏液镜检，可见大量寄生虫；影响呼吸，还可造成寄生部位损伤，引起继发感染。

防治方法：一是鱼苗放种时，用高锰酸钾（10～20 g/m^3）浸浴（15～25 min）后下塘；二是用90%晶体敌百虫全池泼洒（每亩每米水深用药 333～666 g），每 2～3 d 1 次，连用 1～2 次。

（赵飞　姜兰　编写）

五、春季鳜病害防控技术

春季气温逐渐升高，倒春寒多现，天气变化频繁，鳜疾病暴发风险加大，如果养殖密度超过池塘承载量，疾病暴发风险显著增加。本部分特针对春季鳜病害特点，提出以下防控技术措施。

（一）防病通用技术措施

1. 繁殖场病害防控措施

在鳜繁育过程中要做好相关生物安保工作。一是对亲鱼、受精卵、仔鱼、饵料生物、水源环境进行主要病害的检测，淘汰带病原亲鱼。二是对孵化、育苗、生产用水进行沉淀和消毒，防止外源病原通过水体进入生产区域。三是使用高锰酸钾或含碘、氯消毒剂对亲鱼和受精卵进行消毒，预防病原感染。四是育苗过程中要做好亲鱼池、孵化环道、鱼苗池等设施和工具的清洁与消毒工作。五是做好工作人员的防疫，确保不将病原带入繁育场地。六是控制饵料鱼规格，增加亲鱼营养，同时可添加微生态制剂调控水环境，促进亲鱼健康发育。

2. 养殖场病害防控措施

疫情期间池塘积压了大量的成品鱼，又加上正值开春时机，天气多变，这个时候水质调控等措施非常关键。一是增加水位。加强巡塘，检查鱼塘是否漏水，若漏水则及时补漏，选择好的水源不断补充，提高水位（建议有条件的加到水深 2 m 以上）。春季天气多变，深水位有助于减少应激，防止倒春寒影响。二是增加溶氧。此时池塘中有大量的鳜，耗氧增加，同时底层有机质上翻会产生大量氨氮、亚硝酸盐和硫化氢等有害物质。每天早、中、晚巡塘，监测水温、水质和溶氧的变化，多开增氧机，避免因缺氧造成的疾病和死亡。三是合理投喂。减少投喂量，避免投喂大规格饵料鱼，防止肠炎的发生，另外可以搭配投喂一些鲮、鲢等。在选择饵料鱼时应选择活力较强、体表无明显伤痕的健康鱼，防止饵料鱼死亡沉底，因为水温一旦上升，这些死鱼会造成水质恶化，引起鳜闭口或死亡。四是调控水质。一个冬季过后，池塘中的有机质增多，底部耗氧增加，有害微生物容易滋生。可以 2～3 d 泼一些微生态制剂、底改制剂、增氧剂、乳酸菌、渔用复合维生素等调节池塘水质，维持池塘水环境稳定。五是若起捕卖鱼，操作要细致，防止损伤鱼体，并做好消毒工作。六是若投放鱼苗，投苗前要仔细做好清塘消毒工作，选择管理规范、品牌好、质量佳的水产苗种场生产的规格整齐、健康、活力好、无特定病原的优质苗种进行养殖。

（二）主要病害防控技术措施

1. 病毒病

（1）白鳃白肝病　该病是由传染性脾肾坏死病毒引起的，发病后鱼塘的病死率高达 80%以上，感染后主要病征是脾脏和肾脏肿大，鳃和肝发白（图 3-6）。当水温低于 20 ℃时鱼一般不会患白鳃白肝病。虽然目前该病流行风险较小，但应加强防控，防止气温回升后暴发流行造成损失。该病目前还没有有效治疗的方法，主要以预防为主。一是干塘清除池底淤泥，使淤泥厚度不超过 30 cm。暴晒至开裂后用生石灰每亩 50～100 kg 清塘，约 1 周后加注新水，使用 1 mg/L 漂白粉对水体进行消毒，杀灭水体中有害微生物。消毒后 3 d 可用肥水膏或发酵粪肥进行肥水，培养浮游生物等生物饵料，稳定水质。二是对购买的种苗

图 3-6　鳜白鳃白肝病

要进行检测，避免种苗携带病毒。三是苗种下塘前接种鳜传染性脾肾坏死病疫苗，提高苗种抗病能力。四是鱼苗和饲料鱼下塘前用2%～3%的食盐水消毒10～15 min。五是加强生物安保管理，及时对发病鱼塘进行隔离封闭，防止传染其他鱼塘，并对死鱼进行及时填埋和无害化处理。

（2）病毒性烂身病 该病是由蛙虹彩病毒引起的，主要感染体长5～10 cm的鱼苗，患病鱼主要病征是鳃盖、背部、腹部和尾部等部位出现红点，严重时出现一个个圆形的溃疡，该病病程较长，呈持续性死亡（图3-7）。该病目前还没有有效的治疗方法，以预防为主。预防方法参考白鳃白肝病。

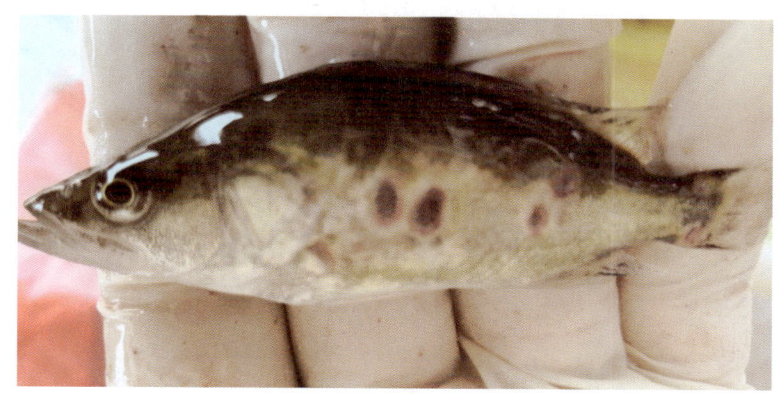

图3-7 鳜病毒性烂身病

（3）弹状病毒病 该病是由鳜弹状病毒引起的，主要感染鱼苗。患病鱼主要病征是鳃盖、鳍条、尾部和内脏出血，有些会出现在水面打转的现象（图3-8）。目前该病流行风险较大，应加强防控。该病目前以预防为主，预防方法参考"白鳃白肝病"。若发现患病鱼可以尝试用大黄等抗病毒中草药和含碘消毒剂进行全池泼洒。

图3-8 鳜弹状病毒引起的出血

(4)“睡觉鱼” “睡觉鱼”是近两年开始流行的一种新病，患病鳜身体变黑，弯着身子躺在水面上像睡着了一样，该病是由诺达病毒引起的（图 3－9）。针对“睡觉鱼”主要采取预防的措施：一是在放苗前要对池塘、进水及器具等进行彻底消毒；二是选择不携带诺达病毒的鱼苗进行养殖；三是若发现有“睡觉”现象，可尝试用大黄等抗病毒中草药和含碘消毒剂进行全池泼洒；四是及时捞出发病鱼和死鱼深埋。

图 3－9 鳜“睡觉”现象

2. 细菌病

开春后，随着水温上升，池底的有机质开始向上浮（特别是长期不开增氧机的鱼塘），水中的有害微生物开始大量滋生，极易引起鳜细菌性疾病的暴发。主要包括以下几种：

图 3－10 鳜鳃出血

(1) 鳃出血 鳜鳃出血是近几年来在低温季节出现的一种细菌病，主要是由杀鲑气单胞菌引起的，患病鳜喜欢趴边和漫游，体表无明显症状，鳃部鲜红，部分鱼离水后会出现鳃部流血的现象（图 3－10）。待水温升高后，该病会自动消失。

防控措施：一是要定期使用微生态制剂调节底质和水质，抑制气单胞菌等有害细菌的滋生；二是低温期要多开增氧机，防止有机物长期在池塘底部堆积，水温上升后，有害物呈爆发式释放；三是对于发病鱼塘，可以先用解毒剂、表面活性剂等微生态制剂对池塘底质和水质进行调节，然后用碘进行泼洒，同时还可以用国家标准允许的中药和抗生素进行治疗。

（2）细菌性烂鳃病 细菌性烂鳃病主要是由黄杆菌引起的。患病鳜鳃丝腐烂并带污泥，严重时鳃丝软骨外露，鳃盖内表皮被腐，常常伴有寄生虫混合感染（图3-11）。细菌性烂鳃病主要由水质变差、水中有害物质变多造成，可以先用解毒剂和表面活性剂等微生态制剂调节水质，然后用含碘制剂和中药进行治疗。

图3-11 鳜细菌性烂鳃病

防控措施：一是要定期使用微生态制剂调节底质和水质，抑制气单胞菌等有害细菌的滋生；二是低温期要多开增氧机，防止有机物长期在池塘底部堆积，水温上升后，有害物呈爆发式释放；三是定期对鳜进行镜检，防止寄生虫感染导致的细菌继发感染；四是对于发病鱼塘，可以先用解毒剂、表面活性剂等微生态制剂对池塘底质和水质进行调节，然后用蛋氨酸碘进行泼洒，同时还可以用五倍子等中药进行治疗。

（3）细菌性烂身病 细菌性烂身病主要由气单胞菌（嗜水气单胞菌、维氏气单胞菌）引起。发病早期，在鱼体上可以看到一些红点或伤痕。随着疾病的发展，病灶范围开始扩大，鳞片松弛掉落，部分出现出血现象，病鱼解剖后有时可见黄色的腹水（图 3－12）。

图 3－12　鳜细菌性烂身病

防控措施：一是要定期使用微生态制剂调节底质和水质，抑制气单胞菌等有害细菌的滋生；二是低温期要多开增氧机，防止有机物长期在池塘底部堆积，水温上升后，有害物呈爆发式释放；三是定期对鳜进行镜检，防止寄生虫感染导致的细菌继发感染；四是对于发病鱼塘，可以先用解毒剂、表面活性剂等微生态制剂对池塘底质和水质进行调节，然后用蛋氨酸碘、乳酸菌和大黄等进行泼洒治疗。

（4）肠炎病　肠炎病主要由气单胞菌引起。患病鱼停止摄食，肛门红肿，解剖病鱼后，可见局部肠壁充血发炎，肠道中很少充塞食物，内充塞黄色脓液和气泡，部分鱼有大量腹水。

防控措施：一是要定期使用微生态制剂调节底质和水质，抑制气单胞菌等有害细菌的滋生；二是低温期要多开增氧机，防止有机物长期在池塘底部堆积，水温上升后，有害物呈爆发式释放；三是定期对鳜进行镜检，防止寄生虫感染导致的细菌继发感染；四是对于发病鱼塘，可以先用解毒剂、表面活性剂等微生态制剂对池塘底质和水质进行调节，然后用蛋氨酸碘和大黄等中药进行治疗。

3. 寄生虫病

经过一个冬季，很多池塘底部积累了大量的有机质等，开春温度上升后，这些有机质为寄生虫大量繁殖提供了良好的条件，给鳜养殖（特别是苗种）造成巨大的风险。因为鳜对敌百虫等杀虫药物敏感，所以鳜寄生虫病主要以预防为主。一是要定期对鱼体进行检测，做到早发现早预防，早期寄生虫丰度较低感染不严重时，建议通过肥水等水质调控措施控制寄生虫的暴发；二是监测池塘水质变化，应根据池塘藻类、浮游生物和有机物的量进行水质调节，合理调控水体中浮游生物种类与生物量，抑制水体中有害物种的大量繁殖。下面介绍几种鳜常见的寄生虫病：

（1）车轮虫病 流行于4—7月，适宜水温为20～28 ℃，主要引起鱼苗、鱼种死亡。被车轮虫寄生的病鱼鳃盖边缘和鳃缝间鳃丝失血，严重时局部溃烂，以致鳃骨外露，停止摄食，显微镜下可见鳃上有大量的虫体。当环境不良、天气突变时，车轮虫往往容易大量繁殖、传播和蔓延，甚至造成鳜大量死亡。

防控措施：一是鱼塘放苗前每亩用50～100 kg生石灰彻底清塘，彻底将病原杀死；二是鱼苗下塘前用2%～3%的食盐水浸泡10～15 min；三是可以按照池塘水0.7 mg/L的浓度全池泼洒硫酸铜和硫酸亚铁合剂（5∶2）治疗患病鱼。

（2）斜管虫病 斜管虫是鳜苗种中常见的寄生虫，该寄生虫繁殖最适温度为12～18 ℃，初冬和春季最为流行，主要感染鱼苗。患病鱼停止摄食，身体发黑，漫游，鳃上黏液增多，显微镜下可见鳃上有大量的虫体，鳃组织受到严重破坏。

防控措施同车轮虫病。

（3）指环虫病 该病流行于春末、夏初，适宜温度为20～25 ℃。感染指环虫的鳜出现漫游，食欲变差，严重时停止摄食，打开鳃盖可见鳃丝浮肿、鳃颜色变淡、鳃上黏液增多，显微镜下可观察到身体扁平、头部前端长有4个黑色眼点、呈方形排列的指环虫。

防控措施：一是鱼塘放苗前每亩用50～100 kg生石灰彻底清塘，彻底将病原杀死；二是鱼苗下塘前用2%的食盐水浸泡10～15 min；三是纤毛幼虫感染期（2—3月、9月）是指环虫病防治的关键时期，应尽量在此阶段将虫杀灭；四是指环虫容易产生耐药性，不同的药物需要交叉使用。

（4）锚首虫病 锚首虫也是一种容易感染鳜的单殖吸虫，危害严重。不同大小规格的鱼均能被感染，主要流行于3—8月，患病鳜身体发黑，摄食变差，打开鳃盖可见鳃丝浮肿、变白、黏液增多，显微镜下可观察虫体。

防控措施同指环虫病。

（5）肤孢虫病 肤孢虫病是近两年来鳜新出现的一种寄生虫病。患病鳜身体消瘦，停止摄食，鳃丝、鳃盖甚至是鳍条和全身都布满了大量的胞囊（图3-13）。经鉴定，该虫为肤胞虫。

防控措施：一是鱼塘放苗前每亩用50～100 kg生石灰彻底清塘，彻底将病原杀死；二是鱼苗下塘前用2%的食盐水浸泡10～15 min；三是目前还没有专门治疗该病的特效方法，可尝试用硫醚沙星治疗。

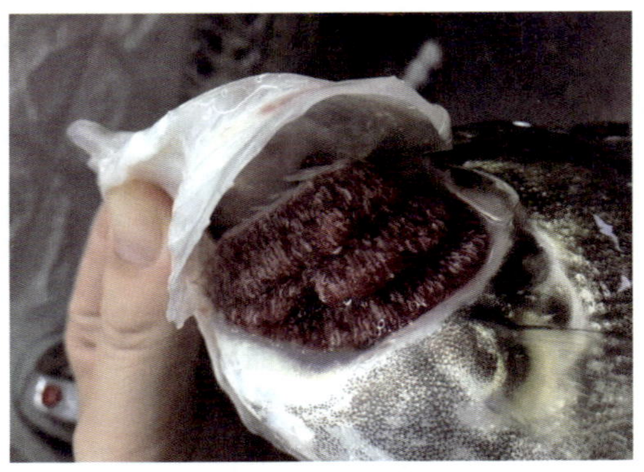

图3-13 鳜肤胞虫

4. 真菌病

(1) 水霉病 鳜水霉主要感染受伤体表组织及鱼卵，在受伤部位形成灰白色如棉絮状的覆盖物，引起该病的病原体最常见的是水霉和绵霉。水温为10～20 ℃时易发病。

针对鱼卵的预防：一是鱼苗孵化时用水要经过70～80目的筛绢过滤，防止水中的枝角类和杂质划破鱼卵；二是操作要仔细，避免鱼卵挤压等损伤；三是用2%～3%的食盐水或20 mg/L高锰酸钾等对受精卵进行消毒。

针对成鱼的预防：一是在捕捞、运输过程中尽可能避免鱼体受伤；二是经长途运输的鱼种放养前和放养后及时用2%～3%的食盐水或20 mg/L的含碘制剂进行浸泡20～30 min。对于发病鱼可以用硫醚沙星按使用说明书全池泼洒。

(2) 鳃霉病 鳃霉病主要发生在水质比较差的池塘，水中有机物过多易诱发该病。该病症状与烂鳃病相似，所以常被误诊为烂鳃病。感染鳃霉的鳜鳃上黏液增多，鳃上常常有泥等杂物。该病由鳃霉引起，在显微镜下，可以看到鳃上有大量的黑色素，在高倍镜下可以看到放射性的菌丝。

治疗措施：一是用硫醚沙星按使用说明书全池泼洒；二是用含碘消毒剂进行全池泼洒；三是加强水质管理，调节好水质。

5. 其他疾病

难产、产后综合征（图3-14）：每年难产和产后综合征导致的鳜死亡量非常大。目前正是鳜怀卵的时期，对于成品鱼养殖鱼塘，可以投放一些网布和带有树叶的枝条到鱼塘边，促进鳜产卵；而对于亲鱼则要加强营养，促进鳜生殖腺发育，另外，还可以全塘泼洒一些渔用复合维生素、多矿。鳜产卵容易导致水质突变，疾病暴发。鳜产卵后体质变弱，要避免拉网等操作，一方面要提前调节好水质，增加池塘自净能力；另一方面要泼洒三黄或五黄等中药，增加鳜免疫力。

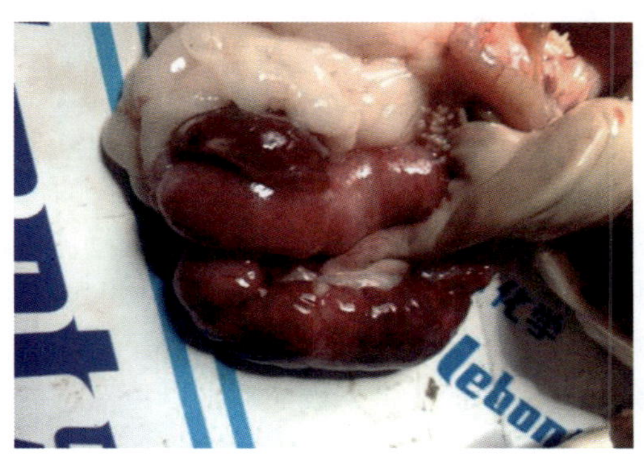

图 3-14 鳜难产造成的出血

（林强 李宁求 编写）

六、水生动物疫苗防控技术

随着医学研究不断深入，人们对新型冠状病毒肺炎的病原特性、传播途径和防治方法逐渐有了一定认识。虽然水生动物与新型冠状病毒肺炎传播无直接关系，但作为动物疫病防控中的重要一环，水生动物生物安保工作不可掉以轻心。目前尚未有人鱼共患病的报道，但是水生动物作为人类一些重大病原的中间宿主或者传播媒介，曾给水产业带来极大冲击，免疫防控是控制水生动物病害最为有效的措施之一。

（一）新型冠状病毒肺炎疫情暴露出的问题

1. 疫苗研发应未雨绸缪

疫情突然暴发时，最有效的控制手段是接种疫苗预防，但疫苗的研发从病原分离鉴定到完成临床试验需要相当长的时间，水产疫苗的研发一般需要5～8年的时间，而对人体使用的疫苗临床审批需要更加严谨的临床试验和审查，2003年流行的SARS（严重急性呼吸综合征）病毒至今未有相关疫苗面世。2020年2月13日在日内瓦召开的新型冠状病毒全球研究与创新论坛上，世界卫生组织首席科学家表示，尽管目前已经有几款针对新型冠状病毒肺炎的候选疫苗，但是至少要等一年或一年半的时间，相关疫苗才能大规模使用。目前国内在研的新型冠状病毒疫苗种类有灭活疫苗、基因工程重组亚单位疫苗、腺病毒载体疫苗、减毒流感病毒载体疫苗等。2020年2月28日，李克强总理考察国家新型冠状病毒肺炎药品医疗器械应急平台，专家指出我国新型冠状病毒灭活疫苗最快将在2020年4月下旬左右开始临床试验。虽然在特殊情况下疫苗研发速度明显加快，但是目前我国新型冠状病毒确诊感染已经超过8万人，因此目前疫苗研发对于本次疫情暴发的控制效果甚微，疫苗的研发需要长期的储备，一旦相关疫情暴发，就需要有现成的疫苗。

水产疫苗的研发已成为水生动物疾病防治领域研究与开发的主流产品，接种疫苗也已成为国际现代水产养殖业标准操作规范。以基因工程、细胞工程、发酵工程和酶工程为主体的现代生物技术于 20 世纪 70 年代出现以后，极大地开阔了人们的视野，水产疫苗的构建已由单价向多价，如灭活疫苗或活疫苗单苗向多种/多型（价）联合疫苗、全菌体疫苗向纯化亚单位疫苗和高效价纯化浓缩疫苗过渡，寄生虫病疫苗也得到长足发展。另外，医用和兽用疫苗的灭活技术、冻干技术和实验动物标准化以及实施良好的生产规范也得到了发展。据不完全统计，截止到 2017 年，全球商品化水产疫苗数量总计 154 种，主要应用于鲑科鱼（包括鲑和虹鳟）、鲈、大西洋鳕等，且大多数产品为多联、多价形式，其中最高可达七联。水产疫苗的生产使用主要在欧美等发达国家，近年来东南亚水产养殖业发展强劲，印度尼西亚已有 6 个疫苗产品取得新兽药证书。

我国水产疫苗的产业化仍处于初级阶段，截止到 2019 年底，我国仅有 7 个疫苗获得国家新兽药证书，有 4 个生产批准文号核发，现有的疫苗产品还远远不足以满足庞大的养殖业需求。需要进一步针对主要养殖品种的重大疾病研究开发新的疫苗。

2. 综合防控应灵活应用

虽然疫苗在疫病防控中起了举足轻重的作用，但是凭一种防控措施仍然无法有效控制疾病暴发和传播。截止到 2020 年 3 月 3 日，国家卫生健康委员会发布了《新型冠状病毒肺炎诊疗方案（试行第七版）》。制订和修订诊疗方案就是把研究和临床实践中行之有效的治疗技术、治疗策略和方法纳入诊疗方案当中，以指导临床实践，提高医疗救治水平。在此次疫情中，中西医疗法双管齐下，其中中医疗法备受关注。辨证论治、整体治疗的理念贯穿于中医治疗的全过程，类似水产养殖的综合防控。综合防控技术一直是水产一线的强项。生命起源于水，水生动物种类繁多，生态结构复杂，虽然目前尚未发现人鱼共患病，水产病害的影响力还没有流感病毒、新型冠状病毒等这样的烈性病原影响巨大，人们对于水生动物病原还处于很多的未知状态，但水产养殖生产逐渐摸索出诸如“健康养殖”“生态混养”“八字精养法”等重要理念，而且对中草药、免疫调节剂、水质调节剂、微生态制剂等多门类产品进行灵活应用，特别是对环境的调节远远超过陆生动物。由于水生动物多为低等动物，对水环境依赖性大，人们对水生病原的认识还没有达到精准水平，局部防控困难，只能总体防控，类似中医疗法中的整体思维，很多可能由未知病原引起的病害基本在综合防控中得到有效控制。

（二）新型冠状病毒肺炎对水产从业人员的警示

水生动物是人类优质的蛋白质来源。从进化上讲，水生动物的分类地位和哺乳类相去甚远，因此存在人鱼共患病可能性极小。当然水生动物有可能充当某些寄生虫的中间宿主或传播媒介，人们生食这些水生动物存在感染风险，但不能因为存在风险就因噎废食，全部禁绝。作为水产从业人员，为了实现绿色低碳、环境友好、质量安全的水产业目标，应积极从以下方面开展相关工作。

1. 加快疫苗研发进度

此次新型冠状病毒肺炎疫情防控难点在于没有疫苗作为抓手，水产病害同样存在免疫防控品储备不足的问题。发展新型载体的浸泡疫苗、口服疫苗，长效的油佐剂灭活疫苗，提高细胞培养密度和抗原产量，新型表面活性剂佐剂增效技术等一系列增效技术开始在水产疫苗中研究应用，将会进一步加快水产疫苗的研发。规范和优化水产疫苗使用技术，如用灭活疫苗和弱毒活疫苗强化免疫，可缓解某些活疫苗或灭活疫苗单独使用免疫效果欠佳的问题。

2. 改进疫苗生产工艺

水产疫苗由于发现的时间较短，水产养殖动物种类繁多，单个品种养殖总产值相对小，生产工艺目前大多停留在传统疫苗制备上，疫苗的施用技术不规范，其产业化发展速度缓慢，规模较小，一旦疫情暴发，很难在短时间内供应市场。评价水产疫苗的水生实验动物尚无标准化，也成为当前制约水产疫苗研发的关键点之一。目前水生动物除了对虾从国外进口培育的无特定病原体（SPF）虾苗以外，供疫病防控研究和疫苗生产使用的标准化水生实验动物凤毛麟角，对水产疫苗的靶动物检验存在一定的偏差，会影响水产疫苗的评价。因此改善现有的生产工艺成为急需。灭活疫苗安全性高，但使用剂量大，免疫期较短，目前生产上开始应用纯化与浓缩抗原制备疫苗，需要进一步优化工艺，制备多价疫苗或多联疫苗，尤其是冷冻真空干燥疫苗及疫苗的保存技术研究，以确保疫苗的质量和稳定性。同时免疫佐剂的开发利用除传统使用的无机盐储存型佐剂和矿物油佐剂之外，研制能代谢的油乳剂佐剂，同样具有缓慢释放抗原的作用，一次接种疫苗也能达到较高和较为持久的免疫水平。利用基因工程技术能生产无致病性的、稳定的细菌和病毒，在相对可以预测的情况下提高使用安全性，所以以现代生物技术为手段，研究安全可靠、能够区别疫苗免疫和病毒感染的新型疫苗，探索新型疫苗的规模化生产工艺，成为下一步产业发展的必要步骤。

3. 规范疫苗施用技术

此次疫情中，人们从简单的洗手、戴口罩开始，反复强调相关日常操作，对于阻断新型冠状病毒的进一步扩散起到关键作用，给水产病害防控特别是疫苗使用带来的启发很大。与陆生动物相比，水产疫苗的使用时间相对较短，普及率不高，其操作对很多人还很陌生，也制约了水产疫苗的发展。多年来，我国的水产疫苗使用大都是从注射免疫开始。生产中的连续注射器注射免疫操作参考畜禽等操作，根据水生动物自身特点进行调整。操作使用的方法不得当、不规范，相关注意事项没有得到重视，不但影响使用效果，还会起到相反作用，因此规范使用水产疫苗迫在眉睫。对于水产动物疫病防控，强化水生动物疫病净化和突发疫情处置，提高重大疫病防控和应急处置能力，科学规范水产养殖用疫苗的使用就是其中关键。

4. 完善疫苗配套技术

无论哪种疫苗都只是有针对性地解决生产中的部分问题，水无常形，水生动物生态复杂，病原变异快，因此更多的还是依赖于综合防控技术，良好的生产管理、规范的日常操作都是关键要点。此外，中草药、微生态制剂、免疫调节剂、水质调节剂等应用也需要有科学性、规范性的指导，才能应对不同的地区、不同养殖条件下的不同养殖品种，发挥出更好的效能。

（三）结语

新型冠状病毒肺炎疫情是公共卫生的大挑战，人和动物在重大和突发疫情中应急工作机制、疫情上报制度、实验室诊断和综合防控方面存在类似的问题，虽然此次新型冠状病毒肺炎疫情在我国初步得到控制，但在全世界范围已快速蔓延，形势依然严峻，将会对全球的公共卫生意识产生深远的影响。水产养殖中的病害问题一直是制约产业发展的瓶颈问题之一，疫病防控一直是生产中常抓不懈的环节。在国家层面，我国已经初步构建了“上下贯通、横向协调、运转高效、保障有力”的水生动物疫病防控体系，为渔业生产安全、水产品质量安全和水生动物安全提供了基本保障。此次疫情的暴发对水产从业人员尤其是疫病防控人员提出了警示，管理机制和人员素质将会随着此次疫情的控制而得到迅速提升。

（巩华　王庆　陈总会　陶家发　编写）

七、草鱼人工免疫防疫技术

草鱼是我国主养品种，目前养殖年产量达 400 万 t 以上。其养殖病害严重，其中病毒性草鱼出血病的病死率可高达 90%以上，一般药物很难防控。草鱼出血病活疫苗可用于预防草鱼出血病；草鱼的细菌性烂鳃、赤皮和细菌性败血症灭活疫苗可用于预防草鱼主要几种细菌病。这些疫苗的特点是用量少、效价高、保护力强、免疫产生期快、使用安全方便，克服了组织苗（土法疫苗）效果不稳定的缺点，还可以减少化学药物的使用、降低污染和能耗、提高生产力，可广泛应用于养殖草鱼的免疫防疫，现将草鱼人工免疫防控技术分享给全国养殖户及企业。

（一）注射免疫法

注射免疫法的特点是疫苗用量少、效价高、保护力强、免疫产生期快、使用安全，因此是目前国内外首选的免疫方法。

1. 注射免疫前准备工作

（1）免疫时机　在冬末春初，气温在 10～20 ℃时放养草鱼种期间适宜注射疫苗。夏季高温鱼病易发时不适宜注射疫苗。注射规格：通常体长10 cm左右的鱼种就可以注射疫苗。如在操作熟练的情况下，小规格鱼种也可以注射疫苗，但注射剂量要少，且保证鱼种体长在 3 cm 以上。通常选择在天气晴朗、水温适宜的早晨进行鱼体免疫。

（2）水环境　注射前需按常规法取养殖池、塘、网箱水域水样，检测水质的盐度、溶解氧、氨氮、亚硝酸盐等理化因子，并结合经验性水色观察，判断水质质量，在确保水质安全时才能进行免疫。

（3）鱼体　在施行免疫前，首先要确认待免鱼健康状况：通过询问养殖业主了解待免鱼的生长、摄食、有无病史与用药史、周边其他养殖尤其是与待免鱼同类养殖的病史。抽样待免鱼 3～5 尾，观察体表、摄食是否正常，使用显微镜检查寄生虫情况。免疫前待免鱼需停饲（饵）1 d。

（4）器具 注射免疫准备工作首先要选择型号合适的连续注射器，使用时需用75%的酒精消毒或用开水煮沸15～20 min消毒。一般而言，规格在13 cm左右的鱼种一般选用4号注射针头，规格在16 cm以上的鱼种一般选用5号注射针头。若采用腹腔注射，要防止扎针太深伤及鱼体内脏，可在注射针头上套一小截塑料管或剪短针头，暴露出的针尖长度略长于鱼体腹肌厚度。

2. 注射免疫操作

先对放养水体进行消毒，停止投喂1 d后，拉网或者将运输到池塘的鱼种在池塘边围网暂养，准备注射。

（1）药液配伍 1瓶草鱼出血病冻干苗，1瓶可免疫500尾鱼，用于草鱼出血病预防；也可用1瓶草鱼出血病冻干苗配1瓶100 mL草鱼细菌联苗，用于预防草鱼出血病和主要细菌病。注射时，250 g以下鱼种每尾注射0.2 mL；250 g以上鱼种每尾注射0.3 mL。

（2）注射方式和部位 一般采用肌内注射和腹腔注射。肌内注射注射部位在背鳍基部，与鱼体呈30°～40°，向头部方向进针，进针深度约为0.3 cm，根据鱼体大小以不伤及脊椎骨为度。如技术熟练，用腹腔注射或胸腔注射法，药液不易漏出，将针头沿腹鳍内侧基部斜向胸鳍方向进入，与鱼体呈30°～40°，向头部方向进针（表3-1）。

表3-1 注射方式和部位比较

注射方式	注射部位	选择	优点	注意事项
背鳍注射	背鳍基部肌肉处	操作人员不熟练时用	缓慢而较稳地扩散有效成分	要求针头锋利，拔针要轻，防止药液渗出
腹鳍注射	腹鳍基部腹腔	对鱼种使用	能使抗原快速吸收	进针要浅，防止伤及鱼的脏器
胸鳍注射	胸鳍基部腹腔	对大规格鱼使用	能使抗原快速吸收	注意不要伤及鱼心脏，操作熟练人员采用

（3）操作注意 整个操作过程要轻、快、稳，尽量减少鱼体的损伤，密切注意鱼的稳定状态，如出现异常，应及时采取早期安全防护处理。在注射过程中需将疫苗瓶遮光放置，忌暴晒。疫苗一旦开瓶就要马上使用，而且要当天用完。当天开瓶但没用完的药液、用完的瓶、纸箱、泡沫箱等废弃物要做无害化处理，以免造成环境污染。

3. 注射免疫后管理

注射疫苗后最好用二氧化氯等消毒剂消毒水体，预防细菌感染伤口。注射后必须加强日常养殖管理工作，检测水质的理化因子，确保水质良好；同时观察受免鱼的摄食情况，投喂新鲜的优质饲料，在免疫后的头1～2周，每日投喂一次渔用复合维生素，添加维生素C。

（二）浸泡免疫法

浸泡免疫法方便了生产操作，降低了劳动强度，减小了操作对鱼体的刺激，提高了生产效率。浸泡免疫法使用方便，尤其适用于鱼苗、鱼种等规模化使用，目前适于浸泡免疫法的鱼嗜水气单胞菌败血症灭活疫苗已经获得生产批准文号，用于草鱼细菌性败血症的预防。浸泡接种试验鱼相对保护率为62%～66%，也可达到有效保护。浸泡对象：易发生暴发性出血病的草鱼、鲢、鳊、鲫、鲤等。

1. 苗种选择和准备

水环境和鱼体检测方法同注射免疫，将使用的浸泡桶、渔网等洗净。水温12℃以上，在晴天使用，水温高效果好。

浸泡前要对待免鱼进行安全性测试。随机抽样20～50尾鱼进行试验，在疫苗产品说明书规定的疫苗使用浓度、鱼苗密度和充氧等条件下，观察在规定的浸泡时间内是否出现异常反应，还可以通过延长浸泡时间或提高疫苗使用浓度30%～100%或加大10%～50%鱼苗密度等做法，以考验鱼体的高强度耐受性，这对批量免疫处理的安全防护措施的制定有更好的指导意义。

2. 浸泡免疫操作

首先对放养水体消毒，停止投喂1 d后，拉网或者将运输到池塘中的鱼种在池塘边围网暂养。准备好器具，加好清洁水，放好网箱。

（1）药液配伍 将鱼嗜水气单胞菌败血症灭活疫苗用清洁自来水稀释100倍，每1 L疫苗原液加2 kg食盐混合均匀，可分批浸泡鱼种100 kg，浸泡10 min左右，水温高少加，鱼体质好可多加，灵活掌握用量。

注意不能使鱼缺氧，同时用增氧泵增氧。必要时，在技术人员指导下添加佐剂或渗透剂，可提高效果。

（2）放鱼种 浸泡后的鱼种放入鱼池，留下的疫苗水溶液可再重复使用

3 次，最后的疫苗溶液可放入鱼池。

浸泡免疫法减轻了操作对鱼体的刺激，因此注射后管理相对注射免疫简单，注意保持常规养殖生产操作科学规范即可。

（三）疫苗免疫失败的可能原因

操作过程也会出现免疫失败，可由多方面原因引起，要逐一分析，可以从以下几方面分析：

（1）鱼体方面 鱼体一定要保证健康。捕鱼时发现气压低、鱼塘缺氧、浮头或水质恶化；有烂鳃、干尾、烂鳍，体表、鳍条基部、吻端、鳃盖、眼圈等部位充血，肛门红肿、腹水等细菌或病毒感染症状，以及有大量寄生虫寄生的鱼都不能注射疫苗。

（2）病原方面 毒种地区差别和毒种变异。疫苗的优点在于它的针对性明确和预防性强，能特异性地作用于某病原，充分发挥动物机体获得性的免疫保护机制；在发病季节前接种疫苗，机体可产生特异免疫记忆，在受到病原侵袭时快速防御机体免于特定病原感染，从而达到预防某种疫病的效果。但如果病原发生变异或者毒种地区差别不同，免疫效果就要差很多，甚至无效。

（3）产品方面 接种剂量不够、免疫方式不正确（如将浸泡疫苗做注射用）或者疫苗保存不当都可能导致免疫失败。冻干疫苗要放在冰箱冷冻层中（−10 ℃左右），水剂型疫苗需要放在冰箱冷藏层中（4～8 ℃）。更不能使用超过有效期的疫苗产品。

（4）其他影响因素 如饲料种类及成分、水质条件等。恶劣的水质不适宜注射疫苗。恶劣的水质通常表现为水色呈蓝绿色、灰黄色、黑褐色、淡红色甚至红色、紫红色、黑色等，而且水的透明度低。当塘水溶氧在 3 mg/L 以下（即鱼塘缺氧），pH 在 6.5 以下（即偏酸）或 8.5 以上（即偏碱），氨氮 0.68 mg/L 以上（水温 30 ℃，pH 8）和 1.32 mg/L 以上（水温 20 ℃，pH 8），亚硝酸盐在 0.15 mg/L 以上时，不易开展疫苗注射。

（四）免疫后的养殖技术管理

疫苗接种只是鱼类疫病防控中的重要环节，一种疫苗并不能预防所有疾病，更不能解决水产养殖的所有问题，疫苗是针对特定的病原发挥作用，而水产养殖动物疾病发生的因素很多，涵盖了宿主、病原、环境等单因子及其相互关联的多因子。在养殖过程中可能会遇到其他细菌和寄生虫等病原性疾病及其他非病原性疾病，因此必须建立综合防治管理意识，还应考虑投入其他预防技术和产品。从更宏观的方面来看，解决病害是一个综合问题，还需延伸到抗病良种、适宜养殖模式、高效饲料等，即健康养殖技术体系的范畴。

（巩华　陈总会　陶家发　黄志斌　编写）

八、水产养殖污染事故分析及预防技术

目前，我国水产养殖业陆续恢复生产。在水产养殖过程中，与病害问题同样困扰养殖户的另一个突出问题是如何预防与处置渔业水域污染事故。渔业水域污染事故一般指由于单位和个人将某种物质或能量引入渔业水域，损坏渔业水体使用功能、影响渔业水域内的生物繁殖、生长或造成该生物死亡、数量减少，以及造成该生物有毒有害物质积累、质量下降等对渔业资源和渔业生产造成损害的事实。渔业水域污染事故一旦发生，将给当地的渔业生态环境、渔业资源和养殖业造成不同程度的损害和损失。同时，渔业水域污染事故问题具有突发性和关联性，一旦对渔业污染事故调查处理不及时、不恰当，不仅对养殖户造成经济上的损失，也对生态环境造成不良影响。以下从污染事故类型、污染事故预防和污染事故的判断与处置三个方面进行概述分析，为抗疫复产提供指导。

（一）渔业水域污染事故类型

渔业水域污染事故类型十分广泛，不同划分依据下污染事故类型不同。根据经济损失额可划分为三类：渔业损失额在百万元以下的为一般性渔业水域污染事故；损失额在百万元以上、千万元以下的为重大渔业水域污染事故；损失额在千万元以上的为特大渔业水域污染事故。发生在水产养殖业中的污染事故以一般性渔业水域污染事故较多。

根据污染事故产生的原因和污染成分划分为单一污染源和混合污染源。例如酸碱物质、重金属等泄漏、人为投毒、施工不当及天气原因导致池塘或水库边塌方等造成水体悬浮颗粒物剧增、致使养殖品种死亡等，一般属于单一污染源；而工业废水、生活污水输入引起的养殖品种中毒死亡，这些难以区分究竟是哪一种物质直接导致养殖品种中毒，或者可确定是多种物质混合导致渔业种类中毒死亡的属于混合污染源类型。

在水产养殖业中，单一污染原或混合污染源类型产生的渔业水域污染事故均有出现，较经常发生的主要有以下几种情形：一是工业和企业污水、废水排放不当而进入渔业水域或养殖水体导致养殖品种死亡；二是养殖户用药不当引起养殖品种死亡；三是其他个人因素如投毒等导致养殖品种死亡。

（二）水产养殖污染事故的预防措施

疫情期间也是天气不稳定、鱼病多发时期，不能放松池塘管理。根据目前高发的水产养殖污染类型，建议养殖户在养殖的各个环节采取预防措施：一是进合格水，避免引入外源污染物。在每次养殖池塘进水前，先抽水进入净化塘进行水质净化处理，注意检查水质情况，确保抽取符合渔业水质标准（包括水质 pH、重金属、有机污染物等指标）的水进入养殖池塘。二是避免养殖自身污染。在养殖过程中，应经常检查增氧设备，确保电力供应，合理投喂饲料，有条件的养殖户可配备在线水质分析仪，实时监测水质（尤其是溶解氧、pH、氨氮等）指标变动情况，及时调整水体环境，避免污染事故发生。三是科学用药。养殖品种病害发生时，注意结合水质状况科学合理用药，避免用药不当引起污染事故的发生。四是防止他人投毒。加强养殖监管，避免他人投毒等情况发生。

（三）水产养殖污染事故的判断与处置

养殖户可根据养殖经验，在初步排除是由于缺氧、毒藻、病害引起死鱼之后，基本可确定是化学物急性中毒死鱼。

缺氧死鱼往往发生在春末、秋初和夏季天气炎热、气压低季节，00:00 过后至黎明前这段时间，尤其在养殖密度大且投饵多的养殖池塘尤其要注意。鱼类缺氧的首先表现为鱼呈浮头状态，鱼死后胸鳍前冲伸展、鳍条发白，死鱼出现品种选择性，个体大的先于个体小的死亡，个体大的死亡率高于个体小的死亡率，而根据其他水生动物如螺、蛙等一般不会死亡等特征判断养殖品种为缺氧死鱼。

毒藻死鱼一般指在微囊藻（铜绿色）、甲藻、裸甲藻（红棕色）大规模爆发及藻类大量死亡而产生毒素毒害引发的养殖品种致死现象。一般此时的水体中往往有明显的单一藻类优势种，而且水体 pH 通常接近或大于 9，表层水体溶氧过饱和，而底层水体往往处于缺氧状态。

病害死鱼具有品种选择性特征，如草鱼易发出血病，细菌病、寄生虫病可通过目检或镜检检出病原体，且病害死鱼可能在大范围内发生，与化学物死亡的孤立发生不同。

对于化学物急性中毒的主要判断特征为：突发性强、短期内大批死亡；品种选择性不明显，死亡的品种较多，小鱼比大鱼先死，小鱼死亡率比大鱼高；初期鱼类行为反应为冲撞、急速游动等，鱼死后眼球突出、鳃盖鲜红、脊柱弯曲、体表鳃部有附着物且通常有毒物特殊气味；同塘的浮游动物、浮游植物大量死亡，水生植物可能变色或死亡，其他水生动物也会死亡或濒死。出现上述大部分特征则可判断为污染事故中的化学物急性中毒死鱼。

如果没有快速水质检测装备，养殖户可配备基本的水质指标快速检测试剂盒、pH 试纸及洁净的水样瓶、封口袋等。一旦发生污染事故，养殖户应快速报告当地渔业主管部门，尽快在有效证人证明下采集好事故发生地及对照区域的样本（包括水体、底泥及生物样本）进行封存，供后续相关部门对污染事故进行调查处置。

（曾艳艺　杨婉玲　赖子尼　编写）

图书在版编目（CIP）数据

水产养殖复工复产技术指导手册 / 中国水产科学研究院珠江水产研究所组编 . —北京：中国农业出版社，2020.7

ISBN 978 - 7 - 109 - 26919 - 4

Ⅰ. ①水… Ⅱ. ①中… Ⅲ. ①水产养殖—技术手册 Ⅳ. ①S96 - 62

中国版本图书馆 CIP 数据核字（2020）第 095222 号

中国农业出版社出版

地址：北京市朝阳区麦子店街 18 号楼

邮编：100125

责任编辑：郑　珂　杨晓改　　文字编辑：张庆琼

版式设计：王　晨　　责任校对：赵　硕

印刷：中农印务有限公司

版次：2020 年 7 月第 1 版

印次：2020 年 7 月北京第 1 次印刷

发行：新华书店北京发行所

开本：720mm×960mm　1/16

印张：6.5

字数：150 千字

定价：38.00 元
